Grundriss
der
indogermanischen Sprach- und Altertumskunde

begründet
von
Karl Brugmann und Albert Thumb

herausgegeben
von
Albert Debrunner und Ferdinand Sommer

5 2

1935
Walter de Gruyter & Co.
vormals G. J. Göschen'sche Verlagshandlung — J. Guttentag, Verlagsbuchhandlung — Georg Reimer — Karl J. Trübner — Veit & Comp.
Berlin und Leipzig

Geschichte der indogermanischen Sprachwissenschaft
seit ihrer Begründung durch Franz Bopp
begründet von
Wilhelm Streitberg

II

Die Erforschung der indogermanischen Sprachen

Band 5, Lieferung 2

Tocharisch

von

Ernst Schwentner

1935
Walter de Gruyter & Co.
vormals G. J. Göschen'sche Verlagshandlung — J. Guttentag, Verlagsbuchhandlung — Georg Reimer — Karl J. Trübner — Veit & Comp.
Berlin und Leipzig

Vorwort.

Vorliegender Bericht über die Erforschung der tocharischen Sprache ist aus einer von mir zusammengestellten vollständigen Bibliographie des Tocharischen erwachsen. Damit das Büchlein zugleich auch seinen bibliographischen Zweck erfülle, sind nicht nur alle Bücher, sondern auch alle Zeitschriftenaufsätze an der Stelle, wo sie zum ersten Male aufgeführt werden, mit vollem Titel zitiert worden. Hierin weicht es von den übrigen Teilen der Geschichte der idg. Sprachwissenschaft ab. Schon ein flüchtiger Blick in den vorliegenden Bericht genügt, um zu erkennen, wie weit verstreut und teilweise sehr schwer zugänglich die tocharische Literatur ist. Fast alle Nationen Europas sind an der Erforschung des Tocharischen beteiligt. In nicht weniger als elf Sprachen sind die Abhandlungen geschrieben. Daß es mir trotzdem gelungen ist, die Literatur nahezu vollständig einsehen zu können, habe ich der hiesigen Landesbibliothek, die den Leihverkehr mit der Rostocker Universitätsbibliothek, der Berliner Staatsbibliothek, der Haller Universitätsbibliothek und der Hamburger Staats- und Universitätsbibliothek vermittelte, zu verdanken. Am meisten bin ich jedoch der Bibliothek der Deutschen Morgenländischen Gesellschaft in Halle zu Dank verpflichtet, die mir auf direktem Wege mit größter Schnelligkeit die gewünschten Bücher, auch die noch ungebundenen Zeitschriften, zustellte, nicht zum wenigsten durch das liebenswürdige Entgegenkommen ihres Bibliothekars, des Herrn Professor Dr. W. Printz. Durch Zusendung von Sonderabdrucken ihrer tocharischen Arbeiten haben mich die Herren Professoren G. Bonfante (Madrid), Ed. Hermann (Göttingen), F. Holthausen (Wiesbaden), Sten Konow (Oslo), E. Lidén (Göteborg), O. Menghin (Wien), V. Pisani (Rom), P. Poucha (Prag), J. N. Reuter (Helsingfors), E. Sieg (Göttingen) gütigst unterstützt. Herr Professor Dr. W. Printz, der Berichterstatter für „Tocharisch“ im Idg. Jahrbuch, war so freundlich, mich durch Mitteilung neuester Literatur auf dem laufenden zu halten, desgleichen Herr Professor Dr. E. Sieg. Ihnen allen spreche ich auch hier meinen herzlichsten Dank aus.

Schwerin i. Mecklbg., den 16. April 1935.

Ernst Schwentner.

Die Abkürzungen für Zeitschriften sind nach dem Idg. Jahrbuch 19, S. 372ff. gegeben; außerdem:

ArchPhil = Archivum Philologicum. Kaunas.
JA = Journal Asiatique. Paris.
JASB = Journal of the Asiatic Society of Bengal. Calcutta.
KCsA = Körösi Csoma-Archivum. Budapest.
MAGW = Mitteilungen der Anthropologischen Gesellschaft zu Wien. Wien.
Ostas. Zeitschr. = Ostasiatische Zeitschrift. Berlin.
Proc. As. Soc. Bengal = Proceedings of the Asiatic Society of Bengal. Calcutta.
RRAN = Rendiconti della R. Accademia Nazionale dei Lincei. Roma.
SBAW = Sitzungsberichte der Preußischen Akademie der Wissenschaften zu Berlin. Philos.-histor. Klasse. Berlin.
WSB = Sitzungsberichte der Akademie der Wissenschaften in Wien. Philos.-histor. Klasse. Wien.

Tocharisch.

Von

Ernst Schwentner.

Unter den indogermanischen Sprachen, die erst in jüngerer Zeit näher bekannt geworden und in das Blickfeld der Forschung getreten sind, nehmen zwei eine besondere Stellung ein, das Hethitische, über das zusammenfassend Joh. Friedrich, Stand und Aufgaben der Sprachwissenschaft, Festschrift für Wilhelm Streitberg, Heidelberg 1924, S. 304ff. und in dieser Geschichte der idg. Sprachwissenschaft II, 5, 1 (1931) berichtet hat, und das Tocharische, dessen Erforschung hier in großen Zügen dargestellt werden soll. Wegen des beschränkten Raumes kann nur die stofflich-sachliche Darstellungsweise in Frage kommen.

I. Entdeckung des Tocharischen und Anfänge der Forschung.

Da das Tocharische zusammen mit vielen anderen Sprachen, teils bekannten, teils unbekannten, in Ostturkestan oder Chinesisch-Turkestan zutage getreten ist, so ist die Schilderung seiner Entdeckung und der Anfänge seiner Erforschung, die sich in erster Linie an den Namen A. F. R. Hoernle (Proc. As. Soc. Bengal, Nov. 1890; April 1891; 1898, XXVIII; The Bower-Manuscript. P. 1—8, Calcutta 1893—1912; JASB 60 [1891] I, 79ff., 135ff.; 62 [1893] I, 1ff.; 66 [1897] I, 213ff.; zusammenfassend: A Report on the British Collection of Antiquities from Central Asia I, II, JASB 68 [1899], I, Extra Number 1 und 70 [1901], I, Extra Number 1) anknüpft, fast immer im Gesamtrahmen einer Darstellung aller literarischen (und archäologischen) Funde Ostturkestans erfolgt.

Die ersten Berichte sind mehr summarisch gefaßt: L. von Schroeder, Über die neuen Entdeckungen buddhistischer Altertümer in Ost-Turkestan, Wiener Zeitung vom 2. und 3. März 1900 = MAGW 30. Bd. (1900), Sitz.-Ber., S. 119ff.; A. Hillebrandt, Altindien und die Kultur des Ostens, Breslau 1901, S. 23ff.; G. Huth, Die neuesten archäologischen Entdeckungen in Ost-Turkistan, ZE 33 (1901), S. 150ff. (Verhdl. der Berliner Ges. für Anthropologie); L. Scherman, Eine altbuddhistische Kultur in Ost-Turkestan, Sonntagsbeilage Nr. 25 zur Vossischen Zeitung, Berlin d. 22. Juni 1902, S. 196ff. und Nr. 26, Berlin d. 29. Juni 1902, S. 204ff.; F. W. K. Müller, Über die kultur- und sprachgeschichtliche Bedeutung eines Teiles der Turfan-Handschriften, ZE 37 (1905), S. 414ff.; H. Stönner, Über die kultur- und sprachgeschichtliche Bedeutung der Brāhmītexte in den Turfan-Handschriften, ebda. S. 415ff.; dann ausführlicher: W. Geiger, Die archaeologischen und literarischen Funde in Chinesisch Turkestān und ihre Bedeutung für die orientalische Wissenschaft, Prorektorats-Progr. Erlangen 1912 (mit ausführlichem Literaturverzeichnis); H. Lüders, Über die literarischen Funde von Ostturkistan, SBAW 1914, S. 85ff.; S. Lévi, Central Asian Studies, JRAS 1914, S. 953ff.; S. Feist, Sprachliche Neuentdeckungen in Zentralasien und ihre Erschließung, Ostas. Zeitschr. 2 (1914), S. 352ff.; Sprachliches Neuland, Nph 11 (1926), S. 171ff. speziell über die neuaufgefundenen indogermanischen Sprachen: A. Meillet, Les nouvelles langues indoeuropéennes trouvées en Asie centrale, Revue du mois, Bd. 14 (1912), 80. Heft (10. August), S. 135ff.; Th. Sinclair, The indoeuropean languages of Eastern Turkestan, The Classical Quarterly 1924; P. Poucha, O nových jazycích indoevropských, objevených ve střední Asii, zvláště o jazyce tocharském (S náčrtem tocharské mluvnice). Zvláštní otisk z výroční zprávy českého stániho gymnasia v Praze XI. Praha 1930. [Über die neuen indogermanischen Sprachen entdeckt in Zentralasien, besonders über die tocharische Sprache (mit einer Skizze der tocharischen Grammatik). Sonderabdruck aus dem Jahresbericht des čechischen staatlichen Gymnasiums von Prag XI]; L. Gaál, A tokhár nép és nyelve [Das tocharische Volk und seine Sprache], KCsA 2 (1927), S. 244ff. (kurzer zusammenfassender Bericht über die Erforschung des Tocharischen mit einer Skizze der Grammatik); G. Ciardi-Dupré, „Tocarico" et „Iranico Orientale". Notizie di due lingue scoperte nell'Asia centrale, Firenze 1917 (mir nicht zugänglich, vgl. Idg. Jahrb. 8 (1922) IV nr. 5); P. Poucha, Indian literature in Central Asia, Arch. Or. 2 (1930), S. 27ff.

Über die Fundstätten und ihre Geschichte haben u. a. besonders M. A. Stein, Ancient Khotan, Oxford 1907; A. Grünwedel, Alt-Buddhistische Kultstätten in Chinesisch-Turkestan, Berlin 1912; Alt-Kutschā, Berlin 1920; A. von Le Coq, Chotscho, Berlin 1913; Auf Hellas Spuren in Ostturkestan, Leipzig 1926; Von Land und Leuten in Ostturkestan, Leipzig 1928; A. Herrmann, Lou-lan, Leipzig 1931; W. Fuchs, Das Turfan-Gebiet, seine äußeren Geschicke bis in die T'ang-Zeit, Ostas. Zeitschr. 1926, S. 124ff.; M. A. Stein, Serindia (Oxford 1921) vol. III, 1180ff. und Innermost Asia (Oxford 1928) vol. II, 569ff.; S. Lévi, JA 1913, S. 311ff.; 1933, S. 8ff.; H. Lüders, Zur Geschichte und Geographie Ostturkestans, SBAW 1922, S. 243ff.; Weitere Beiträge zur Geschichte und Geographie von Ostturkestan, ebda. 1930, S. 7ff. (über Könige von Kuči); P. Pelliot, Note sur les anciens noms de Kučā, d'Aqsu et d'Uč-Turfan, T'Oung-Pao 1923 berichtet. Vgl. auch A. von Le Coq, Bericht über Reisen und Arbeiten in Chinesisch-Turkestan, ZE 39 (1907), S. 509ff.;

Die vierte deutsche Turfan-Expedition, Túrán (Budapest 1918), S. 7ff. und Sven Hedin, Durch Asiens Wüsten I, II, 7. Aufl. Leipzig 1922, passim (Bd. II, Nr. 61 Abb. einer alten Handschrift aus der Gegend von Chotan).

Auf die archäologische Bedeutung der Funde von Ostturkestan kann hier natürlich nicht weiter eingegangen werden. Ich verweise auf die monumentalen Werke von Grünwedel, Le Coq, Marc Aurel Stein (Serindia, Innermost Asia) und auf die ausführlichen Literaturverzeichnisse in W. Geigers oben genannter Rektoratsrede S. 15ff., in Le Coqs Buche „Auf Hellas Spuren in Ostturkestan", S. 164ff.; E. Waldschmidts „Gandhara, Kutscha, Turfan", Leipzig 1925, S. 110, dessen Kapitel: „Die ‚tocharische' Epoche in der Kunst von Kutscha" besonders hervorgehoben sein mag, und A. Herrmanns „Lou-lan", S. 159f.

II. Das Material.

Die archäologischen Funde werden an Bedeutung noch von den literarischen übertroffen. Völlig unbekannte Sprachen und Literaturen, deren Träger uns z. T. fast nur dem Namen nach aus spärlich fließenden antiken oder orientalischen Quellen bekannt waren, haben sich unseren Blicken aufgetan und uns ein Bild alter Kultur, die längst in Nacht und Nebel versunken war, mit einem Schlage vor Augen geführt. Eine Flut von Handschriften mit den verschiedensten Sprachen, die da sind Alttürkisch (Uigurisch), Mongolisch, Chinesisch, Syrisch, Indisch, mehrere iranische Mundarten, Nordarisch oder Sakisch[1]), eine in tibetischer Schrift geschriebene völlig un-

[1]) Vgl. R. Hoernle, The 'Unknown Languages' of Eastern Turkestan. JRAS 1910, 1283ff.; 1911, 447ff.; E. Leumann, Zur nordarischen Sprache und Literatur, Straßburg 1912; H. Reichelt, Das „Nordarische", Idg. Jahrb. 1, 20ff.; 75; H. Lüders, Die Śakas und die nordarische Sprache, SBAW 1913, S. 406ff.; Sten Konow, Khotan Studies, JRAS 1914, S. 339ff.; Saka Studies, Oslo Etnografiske Museum. Bulletin 5. Oslo 1932; dazu die Rez. von P. Poucha, Arch. Or. 7 (1935), der viele Berührungen des Tocharischen mit dem Sakischen beibringt; F. W. Thomas, The language of ancient Khotan, Asia Major, Vol. II, 2 (1925), S. 251ff.; H. Sköld, The earliest known name of the Śakas, K. Human, Vetenskapssamfundets i Lund Årsberättelse 1931—1932, I, S. 1ff.; E. Leumann, Das nordarische (sakische) Lehrgedicht des Buddhismus, Abh. f. d. Kunde des Morgenlandes, Bd. 20, Heft 1—3, Leipzig 1933 bis 1935; vgl. auch V. A. Smith, The Śakas in Northern India, ZDMG 61 (1907), S. 403ff.; H. Reichelt, Iranisch S. 28f. und passim.

bekannte Sprache, die bis jetzt noch nicht einmal einem bestimmten Sprachstamm zugewiesen werden kann (vgl. F. W. Thomas, A new Central Asian language JRAS 1926, S. 312f. und besonders A. H. Francke, Ein Dokument aus Turfan in tibetischer Schrift, aber unbekannter Sprache, SBAW 1927, S. 124ff.), mit den verschiedensten Schriftgattungen und dem verschiedensten Inhalt[1]) ist hier zutage getreten, teilweise infolge der außerordentlichen Trockenheit des Klimas gut erhalten und leicht lesbar, teilweise leider auch arg zerstückelt. Sie alle mußten den Weg in die Bibliotheken und Museen von Berlin, Paris, London, Oxford, Petersburg, Calcutta, Peking und Tokio antreten, um dort geordnet, zusammengesetzt und entziffert zu werden. Die Hauptfundstellen waren die Gegenden um Kutschā, Turfan, Duldur-Aqur, Tuen-hwang, Khotan und Kaschgar, alles Ortschaften, die ringsherum am Rande der Wüste liegen und wichtige Stationen und Kreuzungspunkte der alten Handels- und Seidenstraßen Chinas, Indiens und Irans bildeten, vgl. A. Herrmann, Die alten Seidenstraßen zwischen China und Syrien I, Berlin 1910 (Quellen und Forschungen zur alten Geschichte und Geographie, herausgegeben von W. Sieglin, Heft 21).

Zu den unbekannten Sprachen, die uns durch die reichen Funde in Ostturkestan wiedergeschenkt sind, gehört nun auch die Sprache, die wir heute als die tocharische zu bezeichnen pflegen. Die Handschriften gehören dem 5.—10. Jahrh. n. Chr. an. Ihre Veröffentlichung kann man in zwei zeitlich nahezu aufeinanderfolgende Perioden einteilen. Die erste arbeitet noch mit gelegentlichen Einzelfunden, die zweite setzt mit dem Erschließen neuer Sprachquellen, die infolge der systematischen Erforschung Ostturkestans in den Jahren 1898—1908 reichlicher fließen, ein. Sie hat überhaupt erst zu exakten wissenschaftlichen Resultaten in der Erforschung des Tocharischen geführt.

Nachdem Hoernle die nach ihren Sammlern als Petrowski-, Macartney-, Weber- und Godfrey-Manuskripte bezeichneten und in ihrem Grundstock aus Kutschā stammenden Handschriften gesichtet hatte, veröffentlichte er zum ersten Male aus der Pe-

[1]) Eine Übersicht über den Inhalt der literarischen Funde, soweit es sich um indische Literatur handelt, bei P. Poucha, Indian Literature in Central Asia, Arch. Or. 2 (1930), S. 28ff. (S. 30ff. Toch. A; S. 36ff. Toch. B).

trowski-Sammlung im JASB 62 (1893) S. 39f. die Silben-Transcription eines längeren, schon ziemlich richtig gelesenen Stückes in tocharischer Sprache. Das Blatt stammt aus Kashgar und enthält einen buddhistischen Text. Es ist von Leumann in der unten genannten Abhandlung S. 16 unter Berichtigung einiger Stellen noch einmal herausgegeben. Darauf gab Hoernle ebda. 70 (1901) I, Extra Number 1, Appendix S. 1—31 ein umfangreiches Stück aus den Weber-Macartney-Manuskripten medizinischen Inhalts (Arzneimittelbuch) mit vielen eingestreuten, oft sonderbar geschriebenen Sanskritwörtern heraus, dem er am Ende ein vollständiges Verzeichnis der Sanskritwörter wie auch der Wörter in der unbekannten Sprache hinzufügte. Im allgemeinen richtig gelesen, nur durch falsche Deutung einiger Buchstaben etwas entstellt, blieb der genauere Inhalt noch verborgen. Vgl. dazu E. Leumann ZDMG 61 (1907) S. 653f. Unmittelbar darauf folgten Facsimiles der Blätter in: Facsimile Reproduction of Weber-Manuscripts, Part IX and Macartney-Manuscripts, Set I, Calcutta 1902. Schon vorher hatte E. Leumann aus der Petrowski-Sammlung einen tocharischen Text veröffentlicht unter dem Titel: „Über eine von den unbekannten Literatursprachen Mittelasiens", Mém. de l'Académie Impériale des Sciences de St.-Pétersbourg, VIIIe Série, tom. IV, nr. 8 (1900), nämlich das Fragment (zwei Blätter) der Übersetzung eines buddhistischen Sanskritgedichtes in Transcription unter Beifügung eines Index der Wörter und Wortteile, sowie einer Abbildung der Handschriftenblätter. Auch er hat, wie schon Hoernle, einige Buchstaben falsch gedeutet.

Diese Publikationen des Tocharischen, die hier zum ersten Male in lateinischer Transkription der Gelehrtenwelt vorgelegt wurden, gehören, wie sich später herausstellte, dem Dialekte oder besser der Sprache B an. Hiermit war die Textveröffentlichung für einige Jahre abgeschlossen.

Die neuen Funde erregten allgemein großes Aufsehen und veranlaßten dann die schon oben erwähnten Expeditionen zur genaueren Erforschung Ostturkestans, die neues Handschriftenmaterial in ungeahnter Fülle zutage förderte. Nachdem eine kurze Zeit mit der Ordnung und Entzifferung des neuen Materiales vergangen war, erschien im Jahre 1908 die grundlegende

Abhandlung von E. Sieg und W. Siegling, Tocharisch, die Sprache der Indoskythen, SBAW 1908, S. 915ff. Von der großen Bedeutung dieser Schrift wird weiter unten die Rede sein, hier sei nur der Textpublikation gedacht. Zum ersten Male nämlich wurde auf S. 928ff. (wieder abgedruckt in „Tocharische Sprachreste“ S. 130f.) aus der Sprache A eine Probe, die einem buddhistischen Werke, der Maitreyasamiti „Die Gemeinschaft mit Maitreya“, einem im Sanskrit verloren gegangenen und auch im Chinesischen und Tibetischen unter diesem Titel nicht bekannten Werke, entnommen ist, gegeben. Zum ersten Male wurde hier ein tocharischer Text übersetzt. Die beigegebene Abbildung eines Blattes der Handschrift zeigt uns die Brāhmīschrift mit ihren schönen, gut lesbaren Typen. Die Handschrift stammt, wie alle nach Berlin gekommenen, aus der Gegend von Turfan. Das nächste Jahr brachte wieder einen buddhistischen Text der Sprache B, ein bilingues Blatt aus dem Dharmapada, gefunden bei Kutschā auf einer russischen Expedition unter Berezovski. Das Blatt wurde veröffentlicht von N. D. Mironow, Iz rukopisnych materialov ekspedicii M. M. Berezovskago v Kuču [Aus den Handschriftenmaterialien der Expedition des M. M. Berezovski nach Kutschā], Bull. Acad. Imp. St. Pétersbourg 1909, S. 547ff., der Text ist wiederabgedruckt von S. Lévi, JA 1911, tom. 17, S. 434. Der Zufall hat es gewollt, daß die Sanskritvorlage dieses Textes auch bei Turfan zutage getreten ist in einem erheblichen Bruchstück des Dharmapada, das R. Pischel, Die Turfan-Rezensionen des Dhammapada, SBAW 1908, S. 968ff. bekannt gemacht hat. In Wirklichkeit sind diese Rezensionen des Dharmapada Fragmente des Udānavarga von Dharmatrāta, vgl. M. Winternitz, Gesch. der ind. Lit. II, 185, Anm. 1. Jetzt folgten eine Reihe von Textpublikationen der Sprache B durch den französischen Orientalisten S. Lévi, teilweise im Verein mit A. Meillet, der sprachwissenschaftliche Bemerkungen beifügte, meist aus der Sammlung von Pelliot, worüber Lévi, Note préliminaire sur les documents en tokharien de la mission Pelliot, JA 1911, tom. 17, S. 138ff. ganz kurz berichtet hat, so: Étude des documents tokhariens de la mission de Pelliot, I. Les bilingues, JA 1911, tom. 17, S. 431ff., außer dem schon erwähnten Blatt aus Berezovskis Sammlung eins aus der Gegend von Kutschā (Duldur-Aqur), dem Dharmapada (Udānavarga) angehörend; 1911, tom. 18, S. 119ff., drei Blätter medizinischen Inhaltes mit einem anschließenden kleinen Fragment. Weitere Texte folgten in kurzen Abständen: Une légende du Karuṇāpuṇḍarīka en langue tokharienne, Festschrift Vilhelm Thomsen, Leipzig 1912, S. 155ff.; aus Hoernles Sammlung: Un fragment tokharien du Vinaya des Sarvāstivādins, JA 1912, S. 101ff. und Tokharian Prātimokṣa fragment, JRAS 1913, S. 109ff.; Karawanenpässe nebst einem von Berezovski bei Kutschā gefundenen kleinen Fragment aus der Petersburger Sammlung, JA 1913, S. 311ff., deren Sprache Lévi als die Landessprache von Kutschā erwies; seitdem wird die Sprache B als „langue de Koutcha (le koutchéen)" bezeichnet. Über die Berechtigung weiter unten[1]). Aus Hoernles Sammlung veröffentlichte Lévi mehrere kleine Stücke: Kuchean Fragments (of Prātimokṣa, Prāyaścittika and Pratideśanīya) in dessen Manuscript Remains of Buddhist Literature found in Eastern Turkestan I (Oxford 1916), S. 357ff. (drei vollständige Blätter in Transkription, Übersetzung und mit Parallelen aus dem Chinesischen und Pāli). Weiter bestimmte er Kučische Manuskriptreste („Kuchean manuscript remains") aus M. A. Steins Funden in dessen Serindia II (Oxford 1921), S. 915, dazu Facsimiles, Serindia IV, Pl. CLII: „Leaves of pōthī in kuchean language and leaves of pōthīs in khotanese, from „Thousand Buddhas", Tun-huang"; ferner „Notes on manuscript remains in kuchean" in Steins Innermost Asia II (Oxford 1928), S. 1029f. (kleinere tocharische Stücke mit franz. Übersetzung), dazu Facsimiles, Innermost Asia III, Pl. CXXIII: „Fragments of documents in kuchean and khotanese on paper and wood from Kuchā, Turfān and Mazār-Tāgh."

Den französischen Publikationen, die nicht immer ganz zuverlässig sind — manches haben Sieg und Siegling berichtigt — folgten jetzt mehrere der Sprache A aus den reichen Turfanfunden von E. Sieg, die auf eingehender sorgfältiger Beschäftigung mit der tocharischen Sprache beruhen, so: Die Geschichte

[1]) Das von J. N. Reuter, Some Buddhist fragments from Chinese Turkestan in Sanskrit und „Khotanese", Journal de la Société Finno-Ougrienne, tom. XXX (1913—1918), nr. 37 (Helsingfors 1915), S. 33ff. (im S.-A.) herausgegebene Fragment ist nicht tocharisch, sondern nordarisch oder sakisch.

von den Löwenmachern in tocharischer Version, Aufsätze zur Kultur und Sprachgeschichte vornehmlich des Orients, Festschrift für E. Kuhn, München-Breslau 1916, S. 147ff. (wiederabgedruckt in „Tocharische Sprachreste“ S. 10f.), dem eine deutsche Übersetzung beigefügt ist; Ein Fragment des im Sanskrit nicht bekannten Maitreyāvadānavyākaraṇa „Prophezeiung über die Heldentaten des Maitreya“ (mit deutscher Übersetzung), SBAW 1918, S. 561ff. (wiederabgedruckt in „Tocharische Sprachreste“ S. 115); Das Märchen von dem Mechaniker und dem Maler in tocharischer Fassung, Festschrift für Friedrich Hirth = Ostas. Zeitschr. 8, S. 362ff. (Berlin 1920), gleichfalls mit deutscher Übersetzung. Der Text ist in „Tocharische Sprachreste“ S. 6ff. wieder abgedruckt.

Die langersehnte Ausgabe der tocharischen Sprachreste, die sich durch die Einberufung Sieglings in den Militärdienst stark verzögert hatte, erschien endlich unter dem Titel: Tocharische Sprachreste, herausgegeben von E. Sieg und W. Siegling, I. Band. Die Texte: A. Transkription; B. Tafeln, Berlin und Leipzig 1921 in einem Quartbande von XII, 258 Seiten, solide gearbeitet, auf gründlichster Durcharbeitung der Sprache A beruhend. In der Einleitung geben die Verfasser genaue Auskunft über die Arbeitsweise, die sie bei der Herausgabe der Texte eingehalten haben. Der Unterschied zwischen dieser Glanzleistung deutschen Gelehrtenfleißes und den französischen Publikationen springt in die Augen. Diese Ausgabe enthält alle Texte der Sprache A, die durch die Turfanexpeditionen aus Šorcuq (1—383), Bäzäklik (384—393), Sängim (394—428) und Chotscho (429—467) nach Berlin gekommen sind, mit Ausnahme der zahlreichen kleinsten Bruchstücke, die später in der Grammatik Verwendung fanden. Unter den zahlreichen Rezensionen, die dieser monumentalen Ausgabe zuteil wurden, hebe ich die von E. Hermann, KZ 50 (1922) S. 296ff.; Wilhelm Schulze, DLZ 1923, S. 47ff. (= Kleine Schriften, S. 717ff.) und Sten Konow, AO 1 (1923), S. 124ff. wegen ihrer Ausführlichkeit und Gründlichkeit besonders hervor.

A. von Le Coq, Drei Buddhabilder auf Holztäfelchen, mit tocharischen Aufschriften, OLZ 27 (1924), Sp. 586ff. (abgedruckt in: Die buddhistische Spätantike im Mittelalter. Teil 5, Berlin 1926, S. 9ff., Tafel 7) teilt uns die tocharischen (B) Aufschriften auf drei Buddhabildern aus Qyzil bei Kutschā (7. Jahrh. n. Chr.) in Brāhmīschrift mit, die erste lautet: *se pañäkte saṅketavattse ṣarsa papaiykau* „dieser Buddha ist gemacht von der Hand des Saṅketava“ (nach W. Siegling); die zweite: *se pañäkte ra[tna?]* ... *ṣarsa* „dieser Buddha (ist) von der Hand des Ra[tna]“; das dritte Buddhabild ist auf der Rückseite mit fünf Kolumnen Brāhmī-Schrift in tocharischer Sprache bedeckt, die von Le Coq nicht mitgeteilt hat.

Nachdem die gesamten Texte der Sprache A ediert waren, richteten nun Sieg und Siegling ihr Augenmerk auf die Sprache B der Manuskripte, die durch die Turfanexpeditionen nach Berlin gekommen waren. Als erste Probe gaben sie einen buddhistischen Text mit deutscher Übersetzung heraus: Die Speisung des Bodhisattva vor der Erleuchtung, Asia Major (1925) Vol. II, fasc. 2, S. 277ff. Es folgten dann Veröffentlichungen tocharischer Übersetzungen von Dharmatrātas Udānavarga. W. Siegling gab eine Probe eines tocharischen (B) metrischen Kommentars zu Udānavarga 10,2 in: Bruchstücke der Kalpanāmaṇḍitikā des Kumāralāta. Herausgeg. von H. Lüders (Königl. Preußische Turfan-Expeditionen, Kleine Sanskrit-Texte, Heft 2) Leipzig 1926, S. 27f., ferner E. Sieg und W. Siegling, Udānavarga-Übersetzungen in „Kucischer Sprache“ aus den Sammlungen des India Office in London (mit einem Fragment in Tocharisch A), BSOS (1931), Vol. VI, Part 2, S. 483ff., in Sprache A: E. Sieg und W. Siegling, Bruchstück eines Udānavarga-Kommentars (Udānālaṃkāra?) im Tocharischen, Festschrift für Moritz Winternitz, Leipzig 1933, S. 167ff. (deutsche Übersetzung der in den Toch. Sprachresten als Nr. 217 und 218 herausgegebenen Handschriftenblätter mit einer Episode aus der Buddhalegende von dem Bettelmönch Upaga und Textergänzungen auf Grund der Sanskritvorlage, die N. P. Chakravarti, L'Udānavarga Sanskrit, Paris 1930, herausgegeben hat).

H. Lüders, Weitere Beiträge zur Geschichte und Geographie von Ostturkestan, SBAW 1930, S. 29 gab einen tocharischen Text (= Toch. Sprachreste Nr. 370 aus Šorčuq), inmitten eines sehr entstellten Sanskrittextes (Anrufungen verschiedener Gottheiten um Schutz), dem W. Siegling ebda. S. 30 die deutsche Übersetzung beifügte. Die nächsten Publikationen tocharischer Texte B erfolgten von französischer Seite, nämlich von S. Lévi: Fragments d'un Karmavibhaṅga[1]) en koutchéen in seinem Buche Mahā-Karmavibhaṅga (La grande classification des actes) et Karmavibhaṅgopadeśa (Discussion sur le Mahā-Karmavibhaṅga), Paris 1932, S. 243—257 (wiederabgedruckt in der folgenden Publikation S. 84ff.). Im nächsten Jahre gab Lévi die umfangreichste Sammlung von Texten der Sprache B heraus: Fragments de textes koutchéens (Udānavarga, Udānastotra, Udānālaṁkara et Karmavibhaṅga) publiés et traduits avec un vocabulaire et une introduction sur le „Tokharien", Paris 1933, Cahiers de la Société Asiatique II. Diese Ausgabe enthält eine Einleitung: Le „Tokharien" (abgedruckt aus JA 1933, S. 1—30), in der Lévi gegen die Bezeichnung„ Tocharisch" für die Sprache A von seiten der Berliner Tocharisten scharfen Protest einlegt, worüber weiter unten gehandelt wird. In der „Introduction" S. 31ff. gibt Lévi einen kurzen Überblick über das Verhältnis des Wortschatzes von A zu B, besonders hinsichtlich der buddhistischen Terminologie (z. B. aind. *karman* = karachar. turfan. *lyalyipu* von der Wz. *lyip* (gr. λείπω), aber kučan. *yâmor* von der Wz. *yâm* „machen"; aind. *(ârya) satya* = karachar. turfan. *kârme,* aber kučan. *empre*; aind. *duḥkha* = karachar. turfan. *klop,* aber kučan. *ḻakle*; aind. *dharma* = karachar. turfan. *m̱arkampal,* aber kučan. *pelaikne* aus *pele* + *yäkne* „pieuse manière"; aind. *buddha* = karachar. turfan. *ptâñkat, p̱attâñkat, p̱attâñäkat,* aber kučan. *pûdñäkte, panäkte* usw.). Die Verschiedenheit läßt sich vielleicht durch Annahme mehrerer voneinander unabhängiger Missionen, die von verschiedenen Seiten aus erfolgten, erklären. — S. 39ff. folgen dann aus den Sammlungen von Pelliot, M. A. Stein, Hoernle, Berezovski die Fragmente des Udānavarga (S. 41—56), Udānastotra (S. 57—66 mit Übersetzung S. 66—71), Udānālaṁkāra (S. 72—73 mit Übersetzung (S. 73—75) und einigen Bruchstücken aus Duldur-Aqur (S. 75—77), Karmavibhaṅga (S. 79—107 mit Einführung und Übersetzung). Ein Vokabular (S. 109—161), das die Belegstellen sowie die Entsprechungen des Wortschatzes der Sprache A enthält, bildet den Schluß dieser umfangreichsten

[1]) Das Sanskrit-Manuskript hatte Lévi 1922 in Nepal entdeckt.

Publikation der Sprache B. Vgl. die Rez. von Sten Konow, AO 13 (1934), S. 244ff.

Dies sind die Texte des Tocharischen, die — abgesehen von kleineren gelegentlich aus noch unedierten Quellen zitierten Sätzen oder Satzteilen[1]) — in den Jahren 1893—1933 durch den Druck veröffentlicht sind. Trotz der schon stattlichen Anzahl sind sie aber immer noch schwer zu benutzen, weil das wichtigste Hilfsmittel, ein umfassendes Lexikon, fehlt. Wortregister und Übersetzungen, soweit sie vorliegen, müssen vorläufig als Ersatz dienen.

III. Nähere Bestimmung und Benennung der tocharischen Sprache.

Bereits Hoernle, JASB. 62 (1893) I, S. 7f., 40; 70 (1901) I, Extra Number 1, S. 12f., 19ff., 32ff. hatte erkannt, daß die in Brāhmīschrift abgefaßten Manuskripte unbekannter Sprachen drei verschiedene Sprachen aufweisen, von denen er eine, die in Dokumenten vorlag, dem Iranischen verwandt erklärte, die zweite für „prototibetisch" (wie auch nach ihm M. A. Stein, Ancient Khotan S. 150; 272), die dritte für einen zentralasiatischen Dialekt mongolischer oder türkischer Herkunft hielt. Leumann, der in Ermangelung eines besseren Namens in seiner ersten Textveröffentlichung die letzte Sprache nach der Herkunft der Handschriften aus der Gegend von Kaschgar vorläufig als „Sprache von Kashgar"[2]) bezeichnet hatte, vermutete ZDMG 61 (1907), S. 652 noch Zusammenhang mit dem Alttürkischen (Uigurischen). Eine vierte Sprache, die bisweilen in Brāhmīschrift auftritt, erwies sich als Uigurisch, das seit H. Stönner, SBAW 1904, S. 1288ff. bekannt war. E. Leumann, Über die einheimischen Sprachen von Ostturkestan im früheren Mittelalter I, ZDMG 61 (1907), S. 648ff.; II, ebda. 62 (1908), S. 83ff. gelang es nun, diese unbekannten Sprachen etwas näher zu bestimmen, indem er nachwies, daß die Dokumentensprache, die dem Iranischen

[1]) Einzelnes aus der noch nicht edierten Sammlung der japanischen Expedition unter Otani aus der Sprache B bei N. D. Mironow, Kuchean Studies I, RO 6 (1928/29), S. 89ff.

[2]) Da diese Benennung leicht zu Verwechslungen mit der türkischen Mundart der heutigen Bewohner Kaschgars führen kann, so ist es besser, sie zu vermeiden.

verwandt schien, mit der Sprache, die man vorher für „prototibetisch“ gehalten hatte, zu einer Gruppe zusammengehört, die er als IIb (Dokumentensprache) und IIa (prototibetisch) zusammenfaßte und nunmehr als arische Text- bzw. Urkundensprache bezeichnete, während er die dritte als unarisch bezeichnete und sie den Gruppen IIa und IIb entsprechend auch in Ia (Stücke aus buddhistischen Texten) und Ib (Arzneimittelbuch) einteilte. Diese letztere Teilung erwies sich aber, wie wir weiter unten sehen werden, als irrig, denn beide sind identisch und stellen die Sprache dar, die wir jetzt als Tocharisch B zu bezeichnen pflegen.

In demselben Jahre, in dem der I. Teil von Leumanns Abhandlung über die nähere Bestimmung der unbekannten Sprachen Ostturkestans erschien, veröffentlichte F. W. K. Müller, „le grand déchiffreur berlinois“, wie ihn Meillet Idg. Jahrb. I, 2 mit Recht nennt, in den SBAW 1907, 958ff. einen nur drei Seiten umfassenden Artikel: „Beitrag zur genaueren Bestimmung der unbekannten Sprachen Mittelasiens“, der für die Benennung der unbekannten Sprache, die uns hier beschäftigt, von fundamentaler Bedeutung sein sollte. Müller hatte nämlich in einem uigurischen (alttürkischen) Fragment der Turfan-Expedition buddhistischen Inhalts ein Kolophon der Maitreya-samiti (Maitrisimit) entdeckt, in dem deutlich gesagt wird, daß die Schrift aus der indischen [*änätkäk*[1])] Sprache in die tocharische *(toχrï)* Sprache und von dieser in die türkische übersetzt sei. Statt *toχrï* könnte man auch *tuχrï* lesen. Sofort drängte sich die Identität dieses Namens mit dem der Τόχαροι der Griechen, der *Tukhâra* (oder *Tuḥkhâra*) der Inder und der *Tu-ho-lo* der chinesischen Wei-Annalen auf. Unter dieser Sprache konnte aber nur die von Leumann als Sprache I bezeichnete gemeint sein. Müller machte auch schon auf Grund der inzwischen von Sieg und Siegling aus den Sammlungen der Turfan-Expeditionen gemachten Beobachtungen auf den indogermanischen Charakter der tocharischen Sprache aufmerksam, den bereits A. von Le Coq, ZE 1907, S. 509 vermutet hatte. Gegen Müller wandten sich

[1]) Das Wort ist noch unerklärt, vgl. Müller, SBAW 1918, S. 584 Anm. 1. Ob = *Karṇāṭaka?* Vgl. O. Franke, Beschreibung des Jehol-Gebietes in der Provinz Chihli, Leipzig 1902, S. 55.

A. von Staël-Holstein, „Tocharisch und die Sprache II", Bulletin de l'Acad. Impériale des Sciences de St.-Pétersbourg 1908, S. 1367ff., „Tocharisch und die Sprache I", ebda. 1909, S. 479ff. und E. Smith, „Tocharisch", die neuentdeckte indogermanische Sprache Mittelasiens, Videnskabs-Selskabets Skrifter II. Hist.-Filos. Klasse 1910, Nr. 5, Kristiania 1911, S. 3f., die lieber der von Leumann als Sprache II (jetzt als „nordarisch" oder wohl besser „sakisch") bezeichneten den Namen „Tocharisch" beilegen möchten. Letzterer wollte a. a. O. S. 5 auf Grund eines von ihm mißverstandenen, angeblichen chinesischen Namens dieses Landes die unbekannte Sprache als „Shulêsprache" bezeichnen. Diese Bezeichnung hat aber keinen Beifall gefunden. Ablehnend P. Pelliot in seiner Rez. von E. Smith, Tocharisch, JA 18 (1911), S. 635f.; J. Charpentier, Die verbalen *r*-Endungen (1917), S. 10 Anm. 3. Auf Staël-Holsteins Seite trat auch Sten Konow, Vedic „*dasyu*", toχrï „*dahä*", Festschrift für Vilhelm Thomsen, Leipzig 1912, S. 96f. ZDMG 68 (1914) S. 85ff. Aber H. Lüders, Die Śakas und die „nordarische" Sprache, SBAW 1913, S. 406ff. hat erwiesen, daß die Ansichten von Staël-Holstein und Sten Konow nicht haltbar sind. Der Kampf um die Benennung der neu aufgefundenen Sprache war noch nicht beigelegt. Ein neuer Antrieb kam von französischer Seite. S. Lévi und A. Meillet hatten in Ermangelung eines besseren Namens die Sprache B zuerst auch als Tocharisch B bezeichnet, bis es Lévi JA 1913, 311ff. gelang, an der Hand von Karawanenpässen, die Pelliot bei einem alten Wachtturm (Šaldïrang bei Sairam, nordwestlich von Kutschā) gefunden hatte, zu zeigen, daß hier die Landessprache von Kutschā, in dessen Gebiet nur Texte der Sprache B gefunden sind, während sonst überall A und B nebeneinander auftreten, vorliegen müsse, weshalb er die unbekannte Sprache jetzt als „langue de Koutcha (le koutchéen)" — wir würden kučanisch, kučäisch oder kučisch sagen — bezeichnet. Dagegen wandten sich Müller und Sieg, SBAW 1916, 395, die Lévis Bezeichnung als zu eng gefaßt erklärten. Die Sprache der Deutschen als „berlinisch" zu erklären wäre ein Analogon. Ferner wiesen Sieg und Siegling, Tocharische Sprachreste S. IV darauf hin, daß die Sprache B nicht nur auf Kutschā beschränkt gewesen sei, sondern auch in Handschriften und Wandinschriften des ganzen Gebietes von Kutschā bis Turfan gefunden sei. Auch brächte Lévis Bezeichnung keine ethnische Zugehörigkeit der Sprache zum Ausdruck. Ähnlich S. Feist, Ostas. Zeitschr. 8, (1920), S. 76, der als Analogon „langue de Paris" für „le français" anführt. Es soll aber nicht unerwähnt bleiben, daß J. Kirste in seiner Abhandlung Orabazes, WSB 182 (1917), 2, S. 5, Anm. 1 an „römisch" als Bezeichnung der Sprache des ganzen römischen Volkes nach der einer einzigen Stadt erinnert, was ein Gegenstück zu Lévis Bezeichnung sein würde. Für die Sprache A hatte Lévi, JA 1913, 380 nach dem Hauptfundort Qarašahr den Namen „le karacharien"[1]) („le parler de Yen-k'i, royaume jumeau de Koutcha") vorgeschlagen, jedoch ist von Lévi nach Müller und Sieg, SBAW 1916, 395 Anm. 5 ein Erweis dafür nicht erbracht. Ausführlicher über Karachar Lévi JA 1933, S. 8ff. = Fragments de textes koutchéens, Paris 1933, S. 8ff. (Zusammenstellung der chinesischen Berichte über Karachar und Turfan). Für A möchte Kirste a. a. O. „turfanisch" in Erwägung ziehen. Dieser Name besagt aber auch nichts.

Wichtig war es nun, daß es F. W. K. Müller und E. Sieg, Maitrisimit und Tocharisch, SBAW 1916, S. 395ff. gelungen war, auf Grund einer genauen Übereinstimmung eines uigurischen und tocharischen Textes verschiedener in beiden Sprachen erhaltener Abschnitte der Maitreyasamiti (Maitrisimit) überzeugend nachzuweisen, daß die Toχrïsprache die Sprache des Übergangs von den indischen buddhistischen Werken ins Uigurische gewesen ist und daß die Sprache, die wir heute als Tocharisch bezeichnen, wenigstens der Dialekt A, von den Uiguren tatsächlich so genannt worden ist. Unter den früheren Gegnern der Müllerschen Identifizierung trat nun Sten Konow, Indoskythische Beiträge, SBAW 1916, S. 787ff. (bes. S. 789) zurück und erklärte sich jetzt mit der Annahme, daß die neuentdeckte Sprache aus dem Nordosten Chinesisch-Turkestans als „Tocharisch" anzusprechen sei, einverstanden. Damit war aber noch nicht gesagt, daß auch die Tocharer selbst ihre Sprache als tocharisch bezeichnet haben. Vielmehr zeigte E. Sieg, Ein einheimischer Name für

[1]) Als „Karashahrian" von N. D. Mironow, Kutchean Studies I. Indian Loanwards in Kutchean, RO 6 (1928) 89ff. übernommen.

Toχrï, SBAW 1918, S. 560ff., daß die einheimische Bezeichnung des Reiches und seiner Bewohner Ārśi (*Ārśi-käntwā* „Ārśi-Zunge, d. i. Sprache"; *Ārśi-ype* „Ārśi-Land" usw., vgl. Tochar. Gramm. § 373a, dazu Lévi, JA 1933, S. 5f.) gewesen sei, womit wohl die Ἄσιοι des Strabo und *Asiani* des Pompeius Trogus zu verbinden seien. Weitere Argumente erbrachte F. W. K. Müller, Toχrï und Kuišan (Küšän), SBAW 1918, S. 566ff. (*Ārśi* = Ἄσιοι, *Asiani* = *Yüe-ši (Yüe-tši)* in koreanischer Aussprache *(n̉)uår-ši* oder *(n̉)uår-tši*). Dazu O. Franke, Einige Bemerkungen zu F. W. K. Müllers Toχrï und Kuišan (Küšän), Ostas. Zeitschr. 6 (1918) S. 83ff. (*Yüe-tši*, in älterer Aussprache *ṅa(o)t-si* = *Ārśi*). Nach S. Lindquist, Zum *toχrï*-Problem, Le Monde oriental 12 (1918) S. 65ff. ist *toχrï* der uigurische Name des Soghdischen, einer nordöstlichen iranischen Mundart (Samarkand, Ferghana), also *toχrï* soll = soghdisch sein. Vgl. V. V. Barthold, K voprosu o jazykach sogdijskom i tocharskom [Zur Frage der soghdischen und tocharischen Sprache], Iran 1 (1927), S. 29ff. Zusammenfassend über diese Probleme: S. Feist, Der gegenwärtige Stand des Tocharerproblems, Festschrift für Friedrich Hirth (= Ostas. Zeitschr. 8) 1920, S. 74ff., bes. S. 75—77; dazu DLZ. 41 (1920), Sp. 358 (Bericht über einen Vortrag von S. Feist über den gegenwärtigen Stand des Tocharerproblems), und Artikel „Tocharer" bei O. Schrader-A. Nehring, R.L.[2] 2, 541f., wo Sieg nur noch für die Sprache A die Bezeichnung „Tocharisch" gelten lassen will. So schon „Tocharische Sprachreste" S. IV, wo die Ansicht ausgesprochen, daß die Sprache A mit dem Buddhismus aus Baktrien, dem späteren Tochāristān, neben dem Sanskrit in die Gegend von Turfan verpflanzt sei, wobei allerdings das gänzliche Fehlen von A in Kutschā auffällig bleibe.

In ein neues Stadium trat der Kampf um die Benennung der unbekannten Sprache durch S. Lévi, Le „Tokharien". A propos de la Tocharische Grammatik publiée par MM. Sieg, Siegling et Schulze, JA 1933, S. 1—30 (wieder abgedruckt in der oben genannten Arbeit „Fragments de textes koutchéens, Udānavarga" etc. Paris 1933), der weder der Sprache A noch der Sprache B die Bezeichnung „tocharisch" zukommen lassen will, indem er die Beweiskraft, die Müller und Sieg der Angabe in der Maitrisimit (s. oben) zuschreiben, leugnet. Das Schriftwerk Maitreyasamiti könne auch in anderen Sprachen Zentralasiens vorhanden gewesen sein und mit der Angabe des uigurischen Textes brauche gar nicht die in Frage stehende Schrift gemeint sein. Ferner könne der Name Tocharer, Tukhāra, Τόχαροι, Tu-huo-lo (Tu-ho-lo), der deutlich auf eine Aspirata weise, nicht die Benennung eines Volkes sein, dessen Sprache überhaupt keine Aspirata besitze. Die von Sieg erwiesene einheimische Bezeichnung der Sprache A als *Ārśi* sei eine Wiedergabe von chinesisch *An-si* „Ouest Pacifié", sie müsse als gemeinsame Bezeichnung für A und B gelten. Deshalb schlägt Lévi für die Sprache A „*Ost-An-si*" oder „*Ost-Ārśi*", für B „*West-An-si*" oder „*West-Ārśi*" als Benennung vor. Sten Konow, War „Tocharisch" die Sprache der Tocharer? Asia Major 9 (1933), S. 455ff. dagegen meint, daß die Sprache A von dem Volke der Ārśi gesprochen worden sei, das die in Tochāristān ansässigen Tocharer unterworfen und sich zu Herren des Landes gemacht hätte, wobei es gleichgültig sei, ob die Ārśi den Ἄσιοι und *Asiani* gleichzusetzen seien oder nicht. Den Uiguren aber sei *toχrï* eine Bezeichnung der Bewohner Tochāristāns gewesen, sowohl der Tocharer wie der Nichttocharer.

Lévis Ansicht ist sehr skeptisch aufgenommen worden, so z. B. von W. Krause, DLZ 54 (1933), Sp. 2272, der die Gleichsetzung der Ārśi-Sprache mit dem *toχrï* des uigurischen Kolophons als erwiesen ansieht, und besonders von P. Pelliot, Tokharien et Koutchéen, JA 1934, S. 23ff. Er hat die ganze Frage noch einmal ausführlich untersucht und ist zu dem Resultat gekommen, daß der Sprache A mit Recht der Name „Tocharisch" zukomme und die (bzw. eine) einheimische Sprache Tochāristāns (Baktriens) sei. Das Wort *toχrï* des uigurischen Kolophons bedeute eigentlich Toχrï-Land und „Tocharisch" sei demnach eine rein geographische Bezeichnung der Sprache A. Zusammenfassend über diese letzten Probleme jetzt: J. N. Reuter, „Tocharisch" und „Kutschanisch", Journal de la Société Finno-Ougrienne 47 (1934), 4, S. 3ff., bes. S. 18ff. und P. C. Bagchi, Kuchean or Western Ārśi, IHQ 10 (1934), S. 585ff.

IV. Die ethnische Stellung der Tocharer.

Noch viel verwickelter und umstrittener als die Frage nach der Benennung der tocharischen Sprache ist die nach der ethnischen Stellung des Volkes, das Träger dieser bis dahin unbekannten Sprache gewesen ist. Das liegt nicht zum wenigsten daran, daß die antiken Quellen sehr spärlich fließen und die orientalischen, besonders die chinesischen nicht immer ganz klar sind und sich bisweilen zu widersprechen scheinen. Ich muß mich daher im Rahmen dieser Schrift im wesentlichen darauf beschränken, unter Anführung der einschlägigen Literatur den Gang der Forschung ganz kurz anzudeuten. Eine besondere Untersuchung unter Auswertung aller Quellen und der diesbezüglichen Literatur hat J. Charpentier, Die ethnographische Stellung der Tocharer, ZDMG 71 (1917), S. 347ff. diesem Problem gewidmet. Ergänzend und berichtigend der Artikel „Tocharer" bei Schrader-Nehring, R.L.[2] 2, 542ff. (mit einer Auswahl der Literatur), kürzer darüber S. Feist, Der gegenwärtige Stand des Tocharerproblems, Ostas. Zeitschr. 8 (1920), S. 78ff. und in seinem Buche „Indogermanen und Germanen" (3. Aufl. Halle 1924), S. 117ff. („Das Tocharische").

Schon F. W. K. Müller hatte in seiner oben genannten Abhandlung in den SBAW 1907, S. 960 Anm. 1 zu dem von ihm in einem alttürkischen (uigurischen) Kolophon gefundenen *toχrï* bzw. *tuχrï* das griechische Τόχαροι (Τάχαροι, Τάχοροι) des Strabo, Ptolemaios, Dionysius Periegetes, Eustath gestellt, dem sich anreihen das lateinische *Tochari* des Pompeius Trogus-Justinus, Plinius, Ammianus Marcellinus, mit zahlreichen Varianten, die Müller, SBAW 1918, S. 577 verzeichnet, das altindische *Tukhāra*, *Tuḫkhāra*, auch *Tuṣāra* (seit Mahābhārata, Belege im PW 3, 351[1]), dazu Chr. Lassen, Indische Altertumskunde I, 852; II, 352ff. „Geschichte der Indoskythen", 2. Aufl. I, 1019, 1023, 1025; P. Poucha, The problem of the age of the Mahābhārata

[1]) Älteste Erwähnung des Namens *Tukhāra* in der chinesisch-religiösen Literatur a. 383 n. Chr., vgl. S. Lévi, JA IX (1897), S. 10 Anm. 1, im Vibhāṣāśāstra, T'au XXV, 3, S. 210[b], *Tou-k'iü-le* = *Tu-k'ǎ-rak*, vgl. Müller, SBAW 1918, S. 575.

Arch. Or. 6 (1934), S. 53 (Erwähnung der *Tukhāra* im M.) J. Charpentier a. a. O. S. 371f.), arabische *Tokhares* (mit zahlreichen Varianten, vgl. Th. Nöldeke, Geschichte der Perser und Araber zur Zeit der Sasaniden. Aus der arabischen Chronik des Tabarî, Leyden 1879, S. 118; dazu A. von Gutschmid, Kleine Schriften III, 155), assyrische *Tokharri* in den Inschriften des Sanherib (705—681), vgl. Gutschmid, Kleine Schriften III, 598 Anm., chinesische *Tu-huo-lo, Tu-ho-lo, Tu-hu-lo* der Wei-Annalen (6. Jahrh. n. Chr.), koreanisch *To-ho-ra,* japanisch *To-ko-ra,* vgl. J. Marquart, Ērānšahr nach der Geographie des Ps. Moses Chorenac'i, Abh. der Gött. Ges. der Wiss., phil.-hist. Kl., N. F. III, Nr. 2, 1901, S. 199ff. Excurs III: Tochāristān, S. 200; Charpentier a. a. O. S. 372ff.; Feist, Indogermanen und Germanen [3], S. 117. An der Identität dieser Namen wird niemand zweifeln. Die Schwierigkeiten setzen aber ein, sobald man auf die älteren chinesischen Geschichtswerke zurückgeht, die die *Tu-huo-lo* nicht kennen, sondern nur von den *Yüe-tši, Yüe-ši (Ta-Yüe-tši* „die großen Y.“, *Siao-Yüe-tši* „die kleinen Y.“) reden, so die älteren Annalen der früheren oder westlichen Han-Dynastie (206 v. Chr. bis 25 n. Chr.), vor allem das Śïki (Sse-ki) (126 v. Chr.) „Historische Denkwürdigkeiten “des Šï-ma-ts'ien (Sse- oder Szĕ-ma-tsiän). Schon Deguignes, Histoire générale des Huns 1756 (in der deutschen Übersetzung von J. C. Dähnert, Greifswald 1768, Bd. I, S. 11; 15; 94—102; 134; 145; 153f.; 413; 448), der wohl als erster die chinesischen Nachrichten über das Volk der *Yüe-tši* zusammengestellt hat, hatte S. 97 die Gleichung: *Yüe-tši* = *Tu-ho-lu* = *Indoskythen* der byzanthinischen Historiker aufgestellt. F. von Richthofen, China I (Berlin 1877) S. 439f., 446ff. hat die schon früher vermutete Identität der *Yüe-tši, Tu-ho-lo, Tukhâra, Tocharer* (Indoskythen) über jeden Zweifel zu erheben versucht. Ihm schlossen sich A. von Gutschmid, Über Richthofens China, ZDMG 34 (1880), S. 188ff. = Kleine Schriften III, 577ff., bes. S. 598; Geschichte Irans und seiner Nachbarländer, Tübingen 1888, S. 58ff. und passim; Max Müller, Exkurs D „Die Yue-chi“ in seinem Buche: Indien in seiner weltgeschichtlichen Bedeutung, übers. von C. Cappeller, Leipzig 1884, S. 237ff. an. Daß aber die Tocharer nicht die Indoskythen der alten Historiker sind, wie noch Sieg und Siegling, Tocharisch, die Sprache der Indoskythen, SBAW 1908, S. 915ff. (vorsichtiger R. Pischel im Nachwort dazu, ebda. S. 934: „eine Sprache der Indoskythen") irrtümlich angenommen haben, hat sich später herausgestellt. Vielmehr haben die Saken Anspruch darauf, als die Indoskythen zu gelten, vgl. Schrader-Nehring, R.L.[2] II, 543. Nachdem O. Franke, Zur Kenntnis der Türkvölker und Skythen Zentralasiens, Abh. der Preuß. Akad. der W. 1904 die Berichte der Chinesen über die Yüe-tši noch einmal zusammengestellt und kritisch untersucht hatte, besonders auch die verschiedenen Meinungen, die über die Aussprache der beiden chinesischen Schriftzeichen, die in der heutigen Pekinger Aussprache *Yüe-tši* lauten, aufgestellt sind, vom sinologischen Standpunkt aus beleuchtet hat, knüpft sich an diese Frage eine endlose Fehde, die dadurch noch komplizierter wird, daß man die in älteren chinesischen Quellen erwähnten *Ta-hia, Tai-hia, Ta-ha* mit den Tocharern (Tocharia, Tokhāristān) in Verbindung brachte, ferner das Verhältnis der älteren *Yüe-tši* zu den jüngeren *Tu-huo-lo*, die man wiederum mit den *Ta-hia* zusammenstellte, aufzuklären suchte, desgleichen die von einigen aufgestellte Gleichung Ἄσιοι = *Ārśi* = *Yüe-tśi* auf ihre Wahrscheinlichkeit hin prüfte. Daß die *Kušana* der Inder „Tocharer" gewesen sind, dürfte eine heute feststehende Ansicht sein. Weniger sicher ist die Gleichung *Ta-hia* = Δάαι = *Dahae* und die von *Yüe-tśi* = *Kuṣi* = *Koþano* (Staël-Holstein), sowie die von *Ta-Yüe-tśi* = Μασσαγέται (Franke, Konow). Auf alle diese Fragen weiter einzugehen, verbietet der Raum. Ich stelle hier die in Frage kommende Literatur zusammen:

O. Franke, Beiträge aus chinesischen Quellen zur Kenntnis der Türkvölker und Skythen Zentralasiens, Abh. der Berliner Akad. phil.-histor. Klasse, 1904; J. Charpentier, Die ethnographische Stellung der Tocharer, ZDMG 71 (1917), S. 347ff.; G. Haloun, Seit wann kannten die Chinesen die Tocharer oder Indogermanen überhaupt? Erster Teil. Leipzig 1926 (gegen die Gleichung O. Frankes *Ta-hia, T'ai-hia* = *Tochara*, Τόχαροι); K. F. W. Müller, To*χ*rï und Kuišan (Küšän) SBAW 1918, S. 566ff.; O. Franke, Zu K. F. W. Müllers To*χ*rï und Kuišan (Küšän), Ostas. Zeitschr. 6 (1918), S. 83ff.; Das alte Ta-hia der Chinesen. Ein Beitrag zur Tocharer-Frage, ebda. 8 (1920), S. 117ff.; Grundsätzliches zur Wiedergabe fremder Länder und Ortsnamen im Chinesischen (Ta-hia = Tochāristān), SBAW 1934, S. 244ff.; Sten Konow, About the nationality of the Kuṣanas, ZDMG 68 (1914), S. 85ff.; Vedic 'dasyu', to*χ*rï 'dahä', Festschrift Vilhelm Thomsen (Leipzig 1912),

S. 96f.; Indoskythische Beiträge, SBAW 1916, S. 787ff.; Beitrag zur Kenntnis der Indoskythen, Ostas. Zeitschr. 8 (1920), S. 220ff.; A. von Staël-Holstein, Koþano und Yüeh-shih, SBAW 1914, S. 643ff.; J. Kirste, Orabazes, WSB 182, 2. Abh. (1917) (S. 50ff. Koþano); H. Lüders, Die Śakas und die nordarische Sprache, SBAW 1913, S. 406ff.; J. Marquart, Ērānšahr nach der Geographie der Ps. Moses Chorenac'i, Abh. der Ges. der Wiss. Göttingen, phil.-histor. Kl., N. F. III, Nr. 2 (1901), S. 199ff. (Exkurs III: Tochāristān); Volkstum der Komanen, ebda. XIII. Bd., Nr. 1 (1914); A. Herrmann, Alte Geographie des unteren Oxusgebietes, ebda. XV. Bd., Nr. 4 (1914); L. Gaál, A tokhár nép és nyelve [Das tocharische Volk und seine Sprache] Körösi Csoma-Archivum 2 (1927), S. 244ff.; O. Menghin, Die ethnische Stellung der ostbandkeramischen Kulturen. Tocharer und Hethiter. Ukrains'ka akademija nauk 76 (1928), S. 2ff., der in den Tocharern die Träger der ostbandkeramischen oder westpontischen, speziell der ukrainischen Tripille- oder Tripoljekultur sieht, die bis nach der chinesischen Provinz Kansu gedrungen sei (ca. 2000 v. Chr.). Die alten Bewohner von Kansu *Ta-hia* (O. Franke) = Tocharer seien die Träger der mit der ukrainischen verwandten Yang-Shao-Kultur. Die von Menghin beigebrachten Argumente scheinen mir für die Sprachforschung nicht besonders greifbar zu sein.

Ferner sind die schon oben genannten zusammenfassenden Berichte zu vergleichen, besonders der von E. Sieg durchgesehene Artikel „Tocharer" bei Schrader-Nehring, in dem alle bis dahin vorgebrachten Ansichten auf ihre Tragweite hin sorgfältig geprüft worden sind, daselbst auch die wichtigste einschlägige Literatur bis zum Jahre 1929.

V. Die Stellung des Tocharischen im Kreise der übrigen idg. Sprachen.

Nachdem, wie schon oben erwähnt, A. von Le Coq, ZE 1907, S. 509 den idg. Charakter der unbekannten Sprache vermutet, F. W. K. Müller, SBAW 1907, S. 960 auf Grund der vorläufigen Arbeiten von Sieg und Siegling den idg. Charakter als sicher erkannt verkündet hatte, indem er die Vermutung aussprach, daß sie anscheinend den europäischen Sprachen näherstehe als der arischen Gruppe, haben letztere in ihrer grundlegenden Abhandlung: Tocharisch, die Sprache der Indoskythen, SBAW 1908, S. 915ff. es als sicher erwiesen, daß wir es beim Tocharischen mit einer indogermanischen Sprache zu tun haben. Der Wortschatz, besonders die Zahlwörter, Pronomina und Verwandtschaftswörter ließen keinen Zweifel darüber, daß das Tocharische der großen idg. Sprachfamilie zuzurechnen sei. Wenn es auch zuerst einen befremdenden Eindruck machte, daß das Tocharische z. B. außer den gewöhnlichen idg. Kasus auch noch andere besitzt, wie etwa einen Komitativus auf *-aśśäl*, das man mit hethitisch *-aššil*, resp. *-aššiil* oder *-aššiel* verglichen hat, L. v. Schroeder, Das Tocharische und die Charri-Inschrift, WZKM 22 (1908), S. 348f.; Ed. Meyer, Gesch. des Altertums I[3], 893f.; S. Feist, Indogerman. und German.[3] S. 116; Kultur, Ausbreitung und Herkunft der Indogermanen S. 431; die Belege Toch. Gramm. S. 135f., einen Gen. Plur. auf *-āśśi* (Toch. Gramm. S. 126f.), der eine besondere Form des Partitivus zu sein schien, so war der idg. Charakter des Tocharischen doch nicht zu leugnen, ist auch von niemandem im Ernste geleugnet worden. Wenn daher Ernst Lewy, Zum Dual und zum Tocharischen, KZ 45 (1913), S. 365ff. meint, daß der Bau der tocharischen Sprache so ganz uralaltaisch anmute (gleiche Kasussuffixe im Singular und Plural; Zusammenfall von Nominativ und Akkusativ; starke Entwicklung von Lokalkasus; Schwund des grammatischen Geschlechtes; uralaltaische Wortstellung u. a.), so ist ihm mit Recht entgegengehalten, daß das Tocharische eben eine idg. Sprache sei, die viele Schicksale durchgemacht haben und weit umhergeschleudert worden sein muß, infolgedessen gar arg zerrüttet ist auf dem viel durchwandertenBoden Innerasiens. Die Träger dieser Sprache haben offenbar auf ihren weiten Wanderungen viel fremdes Blut in sich aufgenommen. Mit einem unidg. Einschlag im Tocharischen (vgl. das Hethitische) wird man wohl bisweilen rechnen müssen. Dabei ist der idg. Charakter der Sprache aber doch in seinen Grundzügen deutlich gewahrt geblieben. Vgl. S. Feist, Indogermanen und Germanen[3] S. 117; A. Meillet, Idg. Jahrb. 1, 12f.; MSL 18 (1913) 421; Schrader-Nehring, R.L.[2] 2, 554f.; E. Fraenkel, IF 50 (1932), S. 2, der mit Meillet den unidg. Einschlag nur gering veranschlagt und in dem weit vorgerückten Zustand des Tocharischen sein anscheinend unidg. Gepräge sieht. Daß das auf den ersten Blick fremdartig anmutende Aussehen des Tocharischen alsbald schwinden würde, wenn man erst feste durchgehende Lautgesetze aufgestellt hätte, hat besonders R. Pischel im Nachwort zu Sieg und Sieglings berühmter Abhandlung SBAW 1908, S. 932ff. betont.

Es drängte sich nun von selbst die Frage auf, ob das Tocharische einem der bekannten acht Sprachzweige des Indogermanischen zuzuweisen oder ob es eine selbständige Schwestersprache der übrigen idg. Sprachen sei. Daß es viele Übereinstimmungen mit der europäischen Gruppe der idg. Sprachen zeige und der westlichen Gruppe, den *centum*-Sprachen, zuzurechnen sei, haben schon Sieg und Siegling klar erkannt (A *kändh (känṭ)*, B *känte* 100: lat. *centum* gegen aind. *śatám*; A *knā* „kennen" : lat. *gnōsco* gegen aslav. *znati* usw.). Da es ferner die drei idg. Grundvokale *a, e, o* (z. B. A *śäk*, B *śak*: lat. *decem* gegen altind. *daśa*; A *okät*, B *okt*: lat. *octo* gegen aind. *aṣṭāu* A *ñom*, B *ñem*: lat. *nōmen*, gr. ὄνομα gegen aind. *nāma* usw.) aufweist, freilich nicht immer in genauer Übereinstimmung mit dem Armenischen und den europäischen Sprachen, so war eine Zurechnung zu den indo-iranischen Sprachen von vornherein ausgeschlossen, obgleich seine geographische Lagerung dazu verlocken mußte. Vgl. A. Meillet, Idg. Jahrb. 1, 14f. Letzterer a. a. O. S. 17 wollte dem Tocharischen eine Mittelstellung zwischen dem Italo-Keltischen einerseits, dem Slavischen und Armenischen andererseits zuweisen, nachdem er sich vorher z. B. JA 1911, S. 454 noch sehr skeptisch verhalten hatte, jedoch dann auf Grund der Übereinstimmung der verbalen *-r*-Formen im Tocharischen und den italo-keltischen Sprachen (toch. A *cmatär*, B *cmetär* „wird geboren werden" : lat. *nascitur*, altir. *gainithir*) sich zuversichtlicher (Revue du mois XIV (1912), Nr. 80, S. 142; MSL 18 (1912), S. 10ff.) geäußert hatte. Ihm folgend: H. Pedersen, Vergl. Gramm. der keltischen Sprachen 2 (1913), S. 673f.; J. Vendryes, Les formes en -R du Tokharien et de l'Italo-Celtique, RC 34 (1913), S. 129ff.; F. Sommer, Kritische Erl. zur lat. Laut- u. Formenlehre (Heidelberg 1914) S. 5f., der es nicht für berechtigt hält, mit Meillet, MSL 18, 13 gleich an eine indogermanische Ausbildung des Typus des *r*-Mediopassivs zu denken, Meillets Ansicht einer Mittelstellung des Tocharischen zwischen Italo-Keltisch und Slavisch-Armenisch als zu farblos verwirft (ebenso J. Pokorny in der unten genannten Schrift S. 25) und auf den Gegensatz toch. 3. sg. *mrauskāte* : 3. pl. *mrauskantṛ* nachdrücklich hinweist. Vgl. Vendryes a. a. O. S. 139[1]) und

[1]) Vgl. auch A. Meillet, Sur les désinences en *-r*, BSL 24 (1923), S. 189ff.; A. W. M. Odé, De uitgangen met *r* van het deponens en het passivum in de

A. Walde, Über älteste sprachliche Beziehungen zwischen Kelten und Italikern, Innsbruck 1917, S. 7 Anm. 1.

Nachdem sich J. Charpentier, Die verbalen *r*-Endungen der idg. Sprachen (Skrifter utgifna af K. Human. Vetenskaps-Samfundet i Uppsala 18, 4 (1917), S. 11[1]) kurz dahin ausgesprochen hatte, daß nach seiner Ansicht die Tocharer ein keltisches Volk, der Rest eines nach Centralasien verschlagenen Keltenvolkes, das schon in sehr alter Zeit in den Gegenden auf der Nordseite des Schwarzen Meeres und im Norden des Kaukasus gesessen habe, gewesen sei, hat er in seinem Aufsatze: Die ethnographische Stellung der Tocharer, ZDMG 71 (1917), S. 347ff. (bes. S. 378ff.) seine Ansicht noch einmal ausführlich zu begründen versucht, daß nämlich „die *Yüe-chi*, die späteren Τόχαροι oder *Tu-huo-lo*, ein nach Zentralasien verschlagener keltischer Stamm[2]) waren, die später in Baktrien ein eigenes Reich gründeten, und denen die Sprache, die wir „Tocharisch" nennen, mit Recht zugeschrieben wird. Zu der Zeit, wo sie in Baktrien festen Fuß faßten, standen sie unter der Herrschaft eines iranischen Stammes, das waren die Ἄσιοι oder *Asiani*, die Vorfahren der späteren Alanen." (S. 387f.).

Wenn es sich auch nicht leugnen läßt, daß das Tocharische manche Beziehungen zu dem Keltischen hat, so ist Charpentiers Theorie in ihrer krassen Form nicht aufrechtzuerhalten, nicht nur weil sie in ihrer historischen Begründung völlig verfehlt ist, indem sie die Tocharer als einen Stamm der Kimmerier, die den Kimbern gleichgesetzt werden, als Kelten betrachtet und ihn nach Zentralasien verschlagen sein läßt[3]), sondern weil auch den sprachlichen Argumenten nicht die Beweiskraft, die ihnen Char-

---

Indoeuropeesche talen. Diss. Leiden, Harlem 1924, dazu E. Hermann IF 44 (1927), S. 351ff.

[1]) Über die verbalen *-r*-Endungen des Tocharischen ausführlich S. 41ff.

[2]) Nach O. Behaghel, Zu Charpentiers Artikel über die Tocharer, ZDMG 72 (1919), S. 290 hatte auch schon H. Junker, Literaturblatt für german. und roman. Philol. 1915, S. 69 die Ansicht ausgesprochen, daß die Tocharer Kelten seien.

[3]) So auch Hirt, Idg. Gramm. 1, 95: „Sie (Kelten) dehnen sich nicht nur über Europa aus, sondern sie gelangen auch nach Kleinasien, vielleicht sogar nach Innerasien (Tocharer)."

pentier beilegt, zukommt. Das *r*-Mediopassiv kommt ja auch im Phrygischen und Hethitischen vor, kann also nicht eine spezielle Zugehörigkeit des Tocharischen zum Keltischen erweisen. Es ist das Verdienst von J. Pokorny in seinem Aufsatze: Die Stellung des Tocharischen im Kreise der indogermanischen Sprachen, Berichte des Forschungs-Institutes für Osten und Orient 3 (1923), S. 24ff. die Schwächen der Charpentierschen Theorie in allen ihren Teilen aufgedeckt zu haben. Er selbst kommt zu dem Resultat, daß das Tocharische ein thrakisches Idiom sei, am nächsten verwandt mit dem Armenischen, als dessen Stammutter das Thrakisch-Phrygische zu betrachten sei. „Wir werden die Tocharer als thrakophrygische Kimmerier ansehen dürfen. Die Übereinstimmungen mit dem Armenischen erklären sich daraus, daß beide Sprachen dem thrakophrygischen Sprachstamme angehören und beide von den Kaukasussprachen beeinflußt worden waren." Mit diesen Worten schließt Pokorny seine Abhandlung. Von den 18 grammatischen Übereinstimmungen, die er S. 41ff. für das Tocharische und Armenische (Thrako-Phrygische) aufstellt, sind in der Tat eine ganze Reihe beachtenswert, so die Bildung der Participia auf *-l* in toch. A *kälpäl* „erlangend", *yāmäl* „machend": arm. Inf. *berel* „tragen, getragen werden", *tkaranal* „schwach werden" (vgl. Meillet MSL 18, 22); das toch. Suffix *-šše*[1]), in B zur Bildung von zahlreichen Adjektiven dienend (*pelaiknešše* „gesetzlich": *pelaikne* „Gesetz"), dem arm. *-či*[1]) (*giwłači* „dörfisch": *giwł* „Dorf") aus idg. *-skii̯o-* entsprechend; Erweiterung der idg. Wurzel *kleu̯-* „hören" mit *k* in toch. B *klyaušsän* „er hört": arm. *l-s-em* „ich höre" (Aor. *luay*) aus idg. **k̑lu-sk̑o-* (Brugmann, Grundr. 2, 3, 351) u. a. m.[2]).

---

[1]) A. Meillet, JA 1911, 146; H. Adjarian, HA 26 (1912) Sp. 40.

[2]) Die schon von H. Adjarian, T'ocharerēn ew Hayerēn [Tocharisch und Armenisch], HA 26 (1912), S. 37ff. beigebrachten, von J. Pokorny S. 41 wieder aufgegriffenen Übereinstimmungen zwischen Tocharisch und Armenisch, wo im Dialekt von Karabagh *w* zu *y* (= *j*) wird (*wer* „oben" > *yĕr, yor*; *wraǰ* „auf" > *yəra*), wie in Tocharisch A und B (*wänt* : *yente* „Wind"; *wälts* : *yältse* „tausend"; *wše* : *yaši* „Nacht"; *wotäk*: *yātka* „er befahl" u. a.) haben nach S. Feist, Idgerm. u. German.[3] S. 114 Anm. 3 keine Beweiskraft, da sie zu den üblichen Lautveränderungen gehören, die infolge einer gewissen Neigung zur Palatalisierung unabhängig voneinander in mehreren Sprachen auftreten können.

An Pokorny schließt sich an R. J. Kellogg, JAOS 47 (1927), S. 356, der auf Grund von sprachlichen Beziehungen des Tocharischen zum Baltoslav., German., Thrako-Phryg. die Tocharer für eine Gruppe der Kimmerier, die nach dem Osten gezogen sei, hält. Historische Zeugnisse, geographische Erwägungen und Wortgleichungen wie Toχ*rï* : Ταῦροι; Τόχαροι : *Togari* : *Togarmah*; *Ārśi* : Ἄορσοι : Ἄσιοι : *Yüe-či (ŋaotši)* u. a. fallen nach ihm ins Gewicht. Daß die Tocharer thrako-phrygische Kimmerier gewesen seien, diese Annahme Pokornys wird bei Schrader-Nehring R. L.[2] 2, 553b als entschieden zu voreilig angesehen, wie auch die Liste der grammatischen Parallelen ebendaselbst als nicht in allen Punkten gleichwertig beurteilt wird. Ähnliche Bedenken bei S. Feist, Indogermanen und Germanen[3] S. 114f., der dem Tocharischen lieber eine Sonderstellung im Kreise der idg. Schwestersprachen zukommen lassen will. Dagegen will E. Hermann, KZ 50, 296ff. (bes. 302ff.) in Weiterführung von Pokornys These hinsichtlich des sprachlichen Verhältnisses dem Tocharischen eine Mittelstellung zwischen Phrygisch und Armenisch einräumen. Weitere Argumente für die Einreihung des Tocharischen in den Kreis der idg. Sprachen bei W. Schulze, Die Stellung des Tocharischen im Kreis der idg. Sprachen (Vornotiz) SBAW 1924, S. 164 (= Kleine Schriften S. 239) (Die ursprüngliche labiovelare Natur bestimmter *k*-Laute in A durch die *u*-Färbung des vorausgehenden oder folgenden Vokals gekennzeichnet. Das Kasussystem mit Gliederung in primäre Kasus und sekundäre Pseudokasus zeigt, daß das Tocharische eine *centum*-Sprache ist, die später unter fremden Einfluß geraten ist); H. Pedersen, Le groupement des dialectes indo-européens (Kgl. Danske Videnskabernes Selskab. Histor.-filolog. Meddelelser XI, 3, Kopenhagen 1925), S. 16ff.; G. Bonfante, I dialetti indoeuropei (Annali del R. Instituto Orientale di Napoli, Vol. IV, Giugno 1931; IX, Napoli 1931) passim; derselbe IF 52 (1934), S. 224 (Vergleich der Wörter für „Feuer" und der Ordinalzahlen des Tocharischen mit den der übrigen idg. Sprachen).

Eine graphische Darstellung der Verteilung der Dialekte in der idg. Ursprache nach A. Meillet, Les dialectes indo-européens (1908), 134 mit einer Abänderung durch Einschaltung des Tocharischen bei J. Schrijnen-W. Fischer, Einführung in das

Studium der idg. Sprachwissenschaft (Heidelberg 1921) S. 66, die sich folgendermaßen dartut:

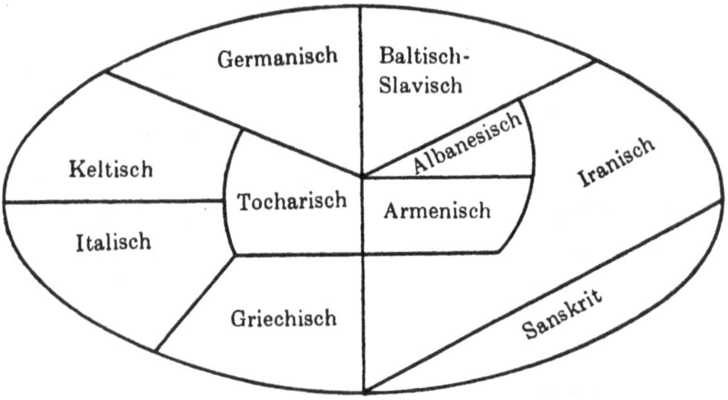

Ob das Tocharische zum Hethitischen engere Beziehungen hat, wofür man Wortgleichungen anführt, wie hethit. *kašt-* „Hunger" = toch. *kaṣt*; hethit. *tekan* „Erde" = toch. *tkan*; hethit. *papperš* „sprengen" = toch. *papärs* „er spritzte", J. Friedrich, Hethitisch S. 41; F. Specht, KZ 62, 43 Anm. 1 (gegen die letzte Gleichung hat Bedenken W. Schulze bei Specht a. a. O.), zu denen dann das schon oben behandelte Komitativsuffix hethit. *-aššil* = toch. *-aśśäl* (s. die Literatur zu dieser Stelle) hinzukäme, muß vorerst zweifelhaft bleiben, trotz W. Petersen, Hittite and Tocharian, Language 9 (1933), S. 12ff., der verschiedene Argumente für eine hethitisch-tocharische Sprachgemeinschaft ins Feld zu führen sucht[1]); ablehnend gegen Petersens Ausführungen G. Bonfante, Emerita 1 (1933), S. 165 und F. Specht, KZ 62, 43 Anm. 1.

---

[1]) Vgl. dazu A. Cuny, Linguistique du hittite, Revue hittite et asianique 4 (1934), S. 199ff., der zu Petersens Theorie Stellung nimmt und phonetische, morphologische und syntaktische Übereinstimmungen des Hethitischen und Tocharischen beizubringen sucht mit der Schlußfolgerung: „En résumé, la meilleure façon de rendre compte des faits tokharo-hittites est, on le voit, de considérer le hittite et le tokharien comme des idiomes très proches de l'indo-européen bien qu'indépendants et relativement proches du chamito-sémitique." (S. 220).

Das letzte Wort über alle diese Fragen ist noch lange nicht gesagt. H. Hirt in seiner Idg. Gramm. 1 (1927), S. 44 tut daher wohl recht, wenn er sich dahin äußert, daß das Tocharische zwar zweifellos zu den *centum*-Sprachen gehöre, daß er aber im übrigen keine bestimmte Ansicht über seine Zugehörigkeit zu einem bestimmten Sprachzweige äußern wolle.

VI. Das Tocharische und die Urheimat der Indogermanen[1]).

Es konnte nicht ausbleiben, daß mit der Entdeckung des Tocharischen und seiner Einreihung in den Kreis der idg. Sprachen auch die viel erörterte Frage nach der Urheimat der Indogermanen einen neuen Antrieb bekam. Es ist das Jahr 1913, in dem die ersten Schriften auftauchen, die das Tocharische für die Frage nach der Urheimat der Indogermanen verwenden. Der große Historiker Eduard Meyer, Geschichte des Altertums (3. Aufl. Stuttgart-Berlin 1913) S. 891ff. ließ sich, geblendet durch die Tatsache, daß das Tocharische zu den *centum*-Sprachen gehört, zu dem voreiligen Urteil hinreißen, daß alle bisherigen Vorstellungen über die Verbreitung der Indogermanen über den Haufen geworfen würden, daß die Annahme, die Tocharer seien von der Nordsee oder Ostsee nach Zentralasien gezogen und über den Tianschan in das Tarymbecken Ostturkestans eingedrungen, wenig Wahrscheinlichkeit habe, daß vielmehr die älteste Hypothese, die die Indogermanen aus Asien kommen lasse, durch die Entdeckung des Tocharischen von neuem bedeutend an Gewicht gewonnen habe und daß man die Urheimat der Indogermanen, sowohl der *centum*- wie der *satem*-Gruppe noch weiter östlich suchen müsse, als man ehemals angenommen habe. Aus dem großen zentralasiatischen Hochland sei ein Teil der Indogermanen durch die aralokaspische Steppe nach Westen, ein anderer Teil nach Südwesten (Iran, Indien) gewandert, während ein Teil der *centum*-Gruppe, von der sich ein Rest in den Tocharern erhalten habe, im Osten zurückgeblieben sei. Am Schluß dieser Ausführungen gibt aber Meyer selbst zu, daß diese ganze Hypo-

[1]) Der Artikel „Urheimat D. Die Tocharer" in Schraders RL. ² 2, 581f. ist heute etwas veraltet und durch neuere Forschungen überholt.

these noch keineswegs als gesichert gelten, daß man vielmehr von der genaueren Erforschung des Tocharischen erst eine festere Grundlage für die obige Annahme erhoffen dürfe. Gleichzeitig mit Ed. Meyer sprach sich S. Feist in seinem Buche: Kultur, Ausbreitung und Herkunft der Indogermanen (Berlin 1913), S. 518ff. dahin aus, daß die große indogermanische Völkerbewegung von Innerasien ausgegangen sei, indem er als Stütze für seine Theorie die Tatsache, daß das Tocharische in seiner Lautform und seinem Wortschatz mit den westeuropäischen *centum*-Sprachen übereinstimme, zu verwenden suchte. Gegen die Annahme, daß die Tocharer aus Europa eingewandert oder zurückgewandert seien, wie dies bei den Phrygern, Thrakern, Griechen und Galatern der Fall sei, spreche die Tatsache, daß uns keinerlei Nachrichten über das Zurückströmen eines westidg. Stammes (außer den eben genannten) bis nach Zentralasien vorliegen, daß vielmehr nach einer Nachricht bei Strabo XI p. 511 die Tocharer mit anderen Nomadenstämmen aus dem Skythenlande, dem Gebiet jenseits des Jaxartes, gekommen seien. Die Tocharer seien ein Rest der ersten Auswanderungsschicht des idg. Stammvolkes, dessen Ausgangspunkt etwa in den Gegenden um den Oxus und Jaxartes in Russisch-Turkestan zu suchen sei.

Eine warnende Stimme (gegen Ed. Meyer) trat noch in demselben Jahre hervor in F. Knauer, Der russische Nationalname und die indogermanische Urheimat, IF 31 (1913), S. 87, der hervorhob, daß trotz der Zugehörigkeit des Tocharischen zur *centum*-Gruppe kein Grund vorliege, die alte Hypothese vom asiatischen Ursprung der Indogermanen von neuem geltend machen zu wollen. Die Tocharer könnten ja einst westlich von den Ostindogermanen gesessen und sich von den Westindogermanen (*centum*-Sprache) schon losgelöst haben, als die Ostindogermanen (*satem*-Sprache) noch eine Einheit bildeten, und nach Asien durch das „kaspische Tor“ gedrungen sein, und zwar an letzteren vorbei, da sie beim Durchgang durch das ostidg. Gebiet den *centum*-Charakter ihrer Sprache wohl nicht hätten bewahren können. Auch A. Walde, Zeitschr. für österr. Gymn. 1914, S. 606ff. (ebenso etwas später in seiner Schrift: Über älteste sprachliche Beziehungen zwischen Kelten und Italikern, Innsbruck 1917, S. 7 Anm. 1) warnt nachdrücklich vor dem Mißbrauch des

Tocharischen als Beweismittels für die asiatische Urheimat der Indogermanen. Das Tocharische könne sehr wohl ein weit nach Osten verschlagener und inmitten ganz fremdartiger Völker auch ganz fremdartig entwickelter Zweig des westlichen altindogermanischen Dialektgebietes sein. Eine so weit nach Osten führende Wanderung habe an sich nichts Befremdliches an sich.

Trotz dieser Warnungen beharrt S. Feist, Die Urheimatfrage und die Tocharer, Beilage III seines Buches: Indogermanen und Germanen, 2. Aufl. Halle 1919, S. 91ff. (bes. S. 101f.), gestützt auf die von drei hervorragenden Sinologen (F. W. K. Müller, J. Marquart, O. Franke) als möglich anerkannte Gleichung *Yüe-tši* = *Ārśi*, bei seiner früheren Annahme, daß die Tocharer, deren Herrscherstamm, die *Ārśi* = *Yüe-tši*, schon mehrere Jahrhunderte v. Chr. an der Westgrenze des chinesischen Reiches zwischen Tun-huang und dem K'iliengebirge durch chinesische Quellen als ansässig bezeugt sind, nicht aus dem Westen nach Innerasien verschlagen sein können, daß vielmehr die Tocharer- (bzw. *Ārśi*-)Bewegung von Osten ausgegangen sein müsse. Auch in der 3. Aufl. dieses Buches (Halle 1924), S. 121f. hält er daran fest, daß ihre Auswanderung aus Europa „recht unwahrscheinlich" sei, da kein europäisches Volk, von dem wir geschichtliche Kunde haben, je so weit nach Asien vorgedrungen sei, daß das Tocharervolk oder richtiger seine idg. Oberschicht, die *Ārśi (Asii, Asiani)*, nicht aus Europa gekommen sein könne und noch weniger als Kelten oder als Verwandte der Armenier anzusehen sei. Vgl. auch S. Feist, DLZ 1920, Sp. 358; Nph 11 (1926), S. 174. Gegen Feist besonders scharf Schrader-Nehring, R.L. 2, 548.

Wir sehen also, wie die ganze Frage nach der ethnischen Stellung des Tocharervolkes und der sprachlichen Stellung des Tocharischen innerhalb der übrigen idg. Sprachen noch wenig geklärt und immer noch stark umstritten ist. Es ist daher begreiflich, daß der von E. Sieg durchgesehene Artikel „Tocharer" in Schraders Reallexikon sich allen diesen Fragen gegenüber sehr zurückhaltend und zu ihrer Beantwortung teilweise auch ganz ablehnend verhält. Solange nicht das Tocharische nach allen Seiten hin gründlich untersucht und somit eine feste Grundlage für weitere Forschungen geschaffen ist, wird man diese Fragen nicht überzeugend beantworten können.

VII. Die grammatische und lexikographische Bearbeitung des Tocharischen.

1. Schrift, Lautlehre und Metrik. Die tocharischen Handschriften sind in einem Alphabet geschrieben, das als Brāhmī bezeichnet wird. Diese Schrift, die aus einem semitischen (altphönizischen) Alphabet entlehnt ist, war ursprünglich linksläufig, später aber rechtsläufig (A. Thumb, Handbuch des Sanskrit I, 33; W. Wüst, Indisch S. 70). Die in Zentralasien auftretende Brāhmī-Schrift, eine Variante der nordwestindischen, zeigt zwei verschiedene Typen, eine mehr aufrechtstehende und eine etwas schräg stehende. Hoernle, der als erster JASB 62 (1893), S. 4ff. und 70 (1901) II, Extra-Nr. 1, S. 11f. mit einer Übersicht aller vorkommenden Abarten auf Taf. 2 den Alphabeten seine besondere Aufmerksamkeit gewidmet hat, hat die erste als Central Asian Gupta, die zweite als Central Asian Slanting bezeichnet. Die tocharischen Handschriften erscheinen alle in Slanting, während die „arischen" alle in Gupta, die Sanskrit-Manuskripte aber in beiden Schriftarten erscheinen, Sieg-Siegling SBAW 1908, S. 916. Die Slanting-Type scheint eine speziell zentralasiatische Modifikation der indischen Guptaschrift zu sein, denn in Indien ist sie bisher nicht nachweisbar, Hoernle a. a. O. S. 11. Nachdem es Hoernle[1]) und Leumann[2]) gelungen war, mit Ausnahme einiger Buchstaben die Schrift richtig zu deuten, haben dann Sieg und Siegling die richtige Deutung aller vorkommenden Schriftzeichen erzielt. Eine Übersicht über die Buchstaben, Laute und Ligaturen bei Sieg und Siegling SBAW 1908, S. 917ff.; Toch. Sprachreste S. VIIIf.; A. Meillet, Idg. Jahrb. 1, 6ff. Beachtenswert ist, daß von den Buchstaben des Sanskrit-Alphabetes im Tocharischen die aspirierten Tenues, die Mediae, die aspirierten Mediae, abgesehen von *dh*, das aber palatalisiertes *t* (also *ṯ* = *tä*) ist, die Zerebralen und *v* außer in Sanskrit-Lehnwörtern[3]) nicht vorkommen, Visarga ganz fehlt,

[1]) JASB 70 (1901) II, Extra-Nr. 1. Appendix S. 1.

[2]) Einige Berichtigungen zu Hoernle ZDMG 61 (1907) S. 652. 654.

[3]) Über die Lautgestaltung der indischen Lehnwörter im Tocharischen haben gehandelt: A. C. Woolner, JRAS 1925, S. 623ff.; N. D. Mironow RO 6 (1928/29), S. 89ff.; P. Poucha, Arch. Or. 2 (1930), S. 300ff.; P. C. Bagchi,

Anusvāra (*ṃ*) stets für *n* steht, nie für *m*, und zwar sowohl inlautend wie auslautend, daß aber die tocharischen Manuskripte eine Reihe von fremden Zeichen aufweisen, einen kurzen Laut von unbestimmter Klangfarbe (im In- und Auslaut durch Doppelpunkt über den betreffenden Konsonanten bezeichnet), nach Hoernles und Leumanns Vorgang mit *ä* (= ə) umschrieben, ferner eine bestimmte Anzahl von Fremdbuchstaben, die nur die Dubletten der gewöhnlichen Konsonanten sind, sofern ihnen das *ä* inhäriert, wie z. B. *k̲* neben *k*, *n̲* neben *n*, *p̲* neben *p*, *r̲* neben *r*, *l̲* neben *l* usw. In den ersten Textpublikationen, bes. auch in den Toch. Sprachresten, sind diese Fremdbuchstaben durch einen darunter gesetzten Strich gekennzeichnet, später hat man aber zur Erleichterung und Vereinfachung des Druckes dafür bisweilen auch einfach *kä, nä, pä* usw. gedruckt, so Sieg und Siegling in der Toch. Gramm., während Lévi auch wohl durch aufrechte Stellung im Gegensatz zur Kursive der übrigen die Fremdbuchstaben gekennzeichnet hat (Festschrift Vilhelm Thomsen S. 164f.). Die Buchstaben *t* und *n* sind in den Handschriften der Gruppe A meist gut zu unterscheiden (Sieg und Siegling SBAW 1908, S. 920), während sie in B weniger deutlich unterschieden zu sein scheinen (Meillet, Idg. Jahrb. 1, 6). Die zahlreichen eingestreuten Sanskritwörter haben oft die Kontrolle einer richtigen Lesung ermöglicht. Proben der teilweise recht gut lesbaren Brāhmīschrift in Gestalt von Faksimiles sind fast allen Textpublikationen seit Hoernle beigegeben, so daß man sich leicht einen Einblick in die Schrift verschaffen kann. Sie sind bereits oben bei den Textveröffentlichungen genannt worden.

Eine interessante Einzelbeobachtung zu der im Gebiet von Khotan gebrauchten Brāhmīschrift machte A. F. R. Hoernle, A peculiarity of the Khotanese script, JRAS 1915, S. 487ff., indem er zeigte, daß das Vokalzeichen für *a* als graphische Basis zur Bezeichnung von *i, u, e* diente (so wie in der ai. Schrift z. B. die Zeichen für *ki, ku, ke* Erweiterungen des Zeichens für *ka* sind); ferner hat J. N. Reuter, Die Anlautsvokale im Tocharischen (Festskrift tillägnad Hugo Pipping, Helsingfors 1924), S. 452ff. und Bemerkungen über die neuen Lautzeichen im Tocharischen

IHQ 10 (1934), S. 591 und Toch. Gramm. § 86—97 („Behandlung der indischen Lehnwörter").

(Studia Orientalia I, Commentationes in honorem Knut Tallqvist, Helsingfors 1925), S. 194ff. beachtenswerte Einzelbeiträge zur Schrift und Aussprache der tocharischen Laute geliefert. In der ersten Schrift sucht er für das Tocharische das Vorhandensein eines dem nhd., vor Anfangsvokalen auftretenden Kehlkopfverschlußlaut ähnlichen Kehlkopflautes (vgl. semitisch 'Alef) in gleicher Stellung nachzuweisen auf Grund gewisser Eigentümlichkeiten der tocharischen Schrift, in der zweiten sucht er den Lautwert der in der tocharischen Schrift neugeschaffenen Lautzeichen für *k̲, t̲, p̲, n̲, m̲, r̲, l̲, ś̲, ṣ̲, s̲, ts̲* näher zu bestimmen, indem er sie als Ausdruck einer Palatalisierung oder Mouillierung auffaßt. Auf die Palatalisierung[1]) als Charakteristikum des Tocharischen hatten bereits hingewiesen Sieg und Siegling a. a. O. S. 921; 927, ferner R. Pischel ebda. S. 932; Meillet a. a. O. 1, 8; vgl. z. B. A *pācar̲*, B *pācer* : aind. *pitár-*, lat. *pater*; A *mācar̲*, B *mācer* : aind. *mātár-*, lat. *māter*; A *pracar̲*, B *procer* : aind. *bhrā́tar-*, lat. *frāter*; A *ckācar̲*, B *tkācer* : griech. θυγάτηρ, lit. *duktė̃*, dagegen hat B im Obliquus *pātär, mātär, protär, tkātär*; vgl. Schrader-Nehring R.L. 2, 549; Toch. Gramm. S. 65 Anm. 2. So führt auch Th. Siebs, Die Zahl „vier" im Tocharischen, KZ 43 (1910), S. 380f. den palatalen Zischlaut in toch. A *śtwar̲*, B *śtwer̲*, der Sieg und Siegling S. 927 noch unklar war, auf einen Dental (idg. **tetwṓr(es)* zurück, indem er einen analogischen Anlaut nach idg. **trei̯es* annimmt (nicht etwa analog lat. *quinque* statt **pinque* nach *quattuor*, sondern hier anl. *p-* durch folgendes *qu* zu *qu* assimiliert), dieses mit Assibilierung des *t* und Verlust des minderbetonten *e* der ersten Silbe (vgl. A *ckācar̲* „Tochter", B *tkācer* : griech. θυγάτηρ) zu **ctwar̲* oder *śtwar̲*. Dagegen E. Smith, Tocharisch S. 6, der *śtwar̲* für eher lautgesetzlich hält, da *ś* in den meisten Fällen einem idg. Labiovelar entsprechen soll. S. unten. Erweichungen der Konsonanten, die im Gegensatz zu anderen idg. Sprachen von der Natur des folgenden Vokals unabhängig zu sein scheinen, liegen auch vor in A *ñom*, B *ñem* : aind. *nā́man-*, lat. *nōmen*, sogar in Sanskritlehnwörtern, so in A *ñare* = aind. *naraka* „Hölle", überaus häufig im Abstraktsuffix wie B *-lñe* in *yamalñe* : A *yāmlune*; B *empelñe* : A *empelune*; B *pkelñe* : A *p̑ukalune*; ferner wird *l* zu *ly*; *k, ts* zu *ś*; *s* zu *ṣ* er-

[1]) Sogar teilweise mit funktioneller Bedeutung!

weicht; über die Konsonantenerweichung als Kennzeichnung der grammatischen Kategorien jetzt Toch. Gramm. § 433; über Palatalisation in Sanskritlehnwörtern vgl. P. Poucha Arch. Or. 2 (1930) 307.

Die Erforschung der Lautgesetze des Tocharischen steckt noch in den ersten Anfängen. Manche einzelne treffliche Bemerkung hat A. Meillet in den „Remarques Linguistiques" zu den von S. Lévi edierten Texten gemacht, vgl. JA 1910, 449ff.; 1911, 144ff., „Observations Linguistiques" JA 1912, 111ff., dann hat E. Smith, „Tocharisch", die neuentdeckte indogermanische Sprache Mittelasiens (Videnskabs-Selskabets Skrifter. II. Hist.-Filos. Klasse 1910, No. 5) als erster eine vergleichende Lautlehre des Tocharischen gegeben, die aber als durchaus verfrüht angesehen werden muß, da sie mit einem ganz geringen Wortschatz, soweit er damals bekannt war, arbeitet, infolgedessen begreiflicherweise die windigsten Hypothesen enthält, so daß die Bedenken, die Meillet JA 18 (1911), S. 630ff. in seiner Rezension dieser Schrift äußert, durchaus berechtigt sind. Ein vernichtendes Urteil auch bei Ed. Hermann, Silbenbildung im Griechischen S. 341. „Es herrscht völlige Regellosigkeit", so schließt S. Feist, Idgerman. und German.[3] S. 115 eine kurze Betrachtung der tocharischen Lautverhältnisse (Vokalismus), und Schrader-Nehring 2, 551 äußern sich: „Indessen ist der Vokalismus noch sehr der Aufklärung bedürftig und man wird erst dann mit einiger Sicherheit darüber urteilen können, wenn das gesamte Wortmaterial aus beiden Dialekten vorliegt." Deshalb haben auch Sieg und Siegling bewußt auf eine Darstellung der tocharischen Lautlehre in ihrer Grammatik verzichtet, solange nicht die lautlichen Verhältnisse der Sprache B genau erforscht sind, andererseits auch von sprachgeschichtlichen und sprachvergleichenden Auseinandersetzungen abgesehen (vgl. Vorwort S. 3f.). Hier wird sich den Sprachforschern in späterer Zeit noch ein weites und fruchtbares Arbeitsgebiet auftun. Solange nicht das gesamte Sprachmaterial vorliegt, der Sprachschatz in seiner Bedeutung und Etymologie erfaßt und lexikalisch gebucht ist, wird man hier keine evident sicheren Ergebnisse erzielen können. Sehr tiefschürfende und lehrreiche an der Hand der Tocharischen Grammatik gemachte Studien auf vergleichender

Grundlage bei E. Fraenkel, Zur tocharischen Grammatik, IF 50 (1932), S. 1ff.; 97ff.; 220ff.; Tocharų kalbos gramatika ir baltų kalbos Arch. Phil. 3 (1932), S. 5ff. (Auszug aus dem Vorigen unter Betonung des Baltisch-Slavischen für litauische Leser zugeschnitten).

Ich gehe nun zur Betrachtung der Lautverhältnisse des Tocharischen über und suche kurz zu schildern, was die Forschung bis jetzt über sie zu ermitteln versucht hat. Daß der Vokalismus von A und B teilweise stark voneinander abweicht, haben alle Forscher von Anfang an erkannt und immer wieder darauf hingewiesen. Ob hier zwei verschiedene Dialekte eines Volkes oder gar die Sprachen zweier verschiedener Völker, die in näherer sprachlicher Verwandtschaft miteinander standen, vorliegen, ist bis heute noch nicht mit Sicherheit festgestellt worden. Hoffen wir, daß uns die Zukunft nach genauester Erforschung von B darüber Auskunft geben wird! Bis jetzt sind wir m. E. über ein *non liquet* noch nicht hinausgekommen.

Der Lautbestand des Tocharischen bei Sieg und Siegling SBAW 1908, S. 920; Meillet, Idg. Jahrb. 1, 6ff., vergleichend dargestellt von E. Smith, Tocharisch (1910), S. 25ff., P. Poucha in seinem oben genannten Prager Gymnasialprogramm (1930), S. 5ff. und ganz kurz S. Feist, Idgermanen und German. [3] S. 115f.; E. Fraenkel, IF 50 (1932), S. 6ff. Der Vokalismus ist großen Schwankungen unterworfen. „Während wir bei allen andern idg. Sprachen Gesetze für die Entsprechungen der Laute gegenüber den erschlossenen Lauten ermitteln können, versagt diese Möglichkeit beim Tocharischen so gut wie ganz "(S. Feist a. a. O.). Das zeigen Wortgleichungen, wie z. B.: idg. *ŏ* in A *pats* : griech. πόσις, *prant* : φέροντ-ος, *kam* „Zahn“ : griech. (Hesych) κόμβους· ὀδόντας γομφίους, in B dagegen *keme*; aber A *okäṯ*, B *okṯ* : ὀκτώ; A *ñom̱* : griech. ὄνομα, dagegen B *ñem̱*, das Smith a. a. O. S. 29 aus idg. **nêmn̥* im Ablaut zu lat. *nômen*, wozu mhd. *be-nuomen*, ndl. *noemen* aus **bi-nômjan* käme, herleiten will. Ganz unsicher, da diese Ablautsform nirgends belegt ist, denn aind. *nâma* ist zweideutig (*â* = idg. *o* nach Brugmanns Gesetz); idg. *ă*[1]) in A *ālyeḵ*, B *ălyeḵ* : ἄλλος, lat. *alius*; idg. *ā*[1]) in A *prăcar*, B *prŏcer* : aind.

[1]) Eine Erklärung dieser auffallenden Vertretung im Tocharischen versucht Ed. Hermann, Silbenbildung im Griechischen (Göttingen 1923), S. 342.

bhrātā, griech. φράτωρ, got. *brōþar*; idg. ə in A *ckācar*, B *tkācer*: aind. *duhitar-*, griech. θυγάτηρ < **dhug(h)ətēr-*; für idg. *e* tritt im Tocharischen *e*, *i*, *ä*; für idg. *i* in A *e* und *i* auf. Ein anscheinend regelloses Durcheinander. Hier kann erst spätere Forschung mehr Klarheit schaffen. Für die vokalischen Verschiedenheiten zwischen A und B führe ich beispielsweise an: A *ñom*: B *ñem* „Name"; A *cmol*: B *cmel* „Geburt"; A *kam*: B *keme* „Zahn"; A *rake*: B *reke* „Wort"; A *wak* „Stimme": B *wek* (lat. *vox*); A *ak* „Auge": B *ek* (lit. *akis*); A *want*: B *yente* „Wind" (lat. *ventus*); A *yuk*: B *yakwe* „Pferd".

Dagegen scheint der Konsonantismus etwas durchsichtiger zu sein. Daß der alte idg. Bestand stark reduziert ist, nimmt bei einer so stark abgeschliffenen Sprache, wie es das Tocharische ist, kein Wunder. Die Explosivlaute sind auf eine einzige Klasse reduziert *p*, *ph*, *b*, *bh*, zu *p*; *k*, *kh*, *g*, *gh* zu *k*; *t*, *th*, *d*, *dh* zu *t*, vgl. A. Meillet, JA 1911, S. 450. Auf die starke Neigung des Tocharischen zur Palatalisierung ist schon oben hingewiesen. Die verschiedenen idg. Gutturalreihen sind zusammengefallen, jedoch haben sich Spuren der Labiovelare erhalten, sie sind vertreten in dreifacher Weise: 1. Bewahrung des Gutturals mit labialem Beiklang in A als *ku* oder *uk*, in B als *kw* oder *uk*, z. B. idg. Wz. **gᵘ̯em-*, griech. βαίνω, got. *qiman*: A *kumseñc*, B *känmaskem̥* „sie kommen", Imper. *pukmäs* „kommt"; idg. **qᵘ̯eqᵘ̯lo-*, griech. κύκλος, ags. *hwéol*: A *kukäl*, B *kokale* „Rad" (Toch. Gramm. § 9); idg. **peqᵘ̯*, lat. *coquo*: A *pᵤkalune*, B *pkelñe* „das Reifen", A *pukäl*, *pkul*, B *pikul*, Plur. *pikwala* „Jahr" eigtl. „das Reifen", das von anderen auch zu griech. κύκλος gestellt wird, 2. reiner Guttural ohne labialen Vor- oder Nachklang, z. B. idg. Wz. **peqᵘ̯*: A und B *päk* „kochen", A *pakku*, B *pepakṣu* „gekocht"; idg. **gᵘ̯ōu̯-*, griech. βοῦς: A *ko* „Rind" mit Ableitung A *kayurṣ*, B *kaurṣu* „Stier"; 3. palatale Spirans als Fortsetzung des idg. Labiovelars, z. B. idg. **gᵘ̯enā-*, böot. βανά, att. γυνή, got. *qēns*: A *śäm̥*, B *śana* „Frau". Auch reiner Labial[1]) scheint vorzukommen, z. B. A und B *lyipär* „Rest" zur Wz. *lip*, *lep* „lassen, übrig bleiben"; B *lyip* (*lyalyipu*) (Toch. Gramm. § 8), idg. **leiqu̯-*, griech. λείπω, lat. *linquo*, got. *bi-*

[1]) In diesem Falle mit dem Griechischen übereinstimmend.

leiban „bleiben" (Feist, Idg. u. Germ.[3] S. 112), von Holthausen, Got. etym. Wb. (1934) zu griech. λιπαρεῖν „ausharren" gestellt. Anders W. Krause bei Kluge-Götze EWB s. v. *bleiben*, vgl. aber Hirt, Idg. Gramm. 1, 304. Weiteres bei Schrader-Nehring 2, 552; F. Ventura, La teoria Ascoliana sulle velari indo-europee primitive e la scoperta del Tocario: critica alla ipotesi del Campus sulle velari indo-europee primitive. Livorno 1926 (mir nicht zugänglich, vgl. Idg. Jahrb. 13, II, Nr. 45, IV, Nr. 6).

Daß das Tocharische auch eine Art Lautverschiebung (Media und Media aspirata > Tenuis) kennt, hat schon R. Pischel, SBAW 1908, S. 932 hervorgehoben; ausführlich jetzt P. Poucha, Die tocharische Lautverschiebung, Tocharica III, Arch. Or. 2 (1930), S. 320ff. Auf Übereinstimmungen des Tocharischen und des Armenischen[1]) in der Lautverschiebung hat besonders J. Pokorny, Stellung des Tocharischen im Kreise der idg. Sprachen S. 41, Nr. 6 aufmerksam gemacht, z. B. toch. B *kewi-je*, armen. *ku* : aind. *gūthaḥ* „Mist" (Meillet, JA 1911, 147); toch. A *kakmu* „gegangen", armen. *e-kn* „er kam" : idg. **g$^{u}_{\circ}$em-*,griech. βαίνω. Nach Poucha a. a. O. S. 326 wären die tocharischen Mediae aspiratae > Mediae geworden, und diese dann zu Tenues verschoben. Einige Beispiele: aind. *bhrā́tar-* : toch. A *pracar̥*, B *procer̥*; idg. **dhug(h)ətēr*, griech. θυγάτηρ : toch. *ckācar̥*; γνω in griech. γιγνώσκω : *knān* „kennen, wissen" (Toch. Gramm. S. 435); idg. **bhāghu-s*, aind. *bāhú-ḥ*, avest. *bāzu-s*, griech. πῆχυς, πᾶχυς : toch. A *poke*, B *pokai* „Arm" (Toch. Gramm. S. 3 Anm. 1) usw. Reiches Material bei Poucha a. a. O. und für die aind. Lehnwörter bei P. C. Bagchi IHQ 10 (1934), S. 591 (*agaru* > *akaru*; *dīnāra* > *tinar*; *br̥hatī* > *prahati*; *madhu* > *matu*). Auf eine dem Tocharischen entsprechende Lautverschiebung in der Cūḷikāpaiśācī hat R. Pischel a. a. O. S. 933 kurz aufmerksam gemacht (*khamma* : *gharma*; *kiri* : *giri*; *phakavatī* : *bhagavatī*), und G. A. Grierson, Étymologies tokhariennes, JA 19 (1912), S. 339ff. wies auf zwei auffallende lautliche Übereinstimmungen des Tocharischen mit neuindischen Mundarten im Süden des Hindukusch, die er als „Modern Piśāca" bezeichnet, hin, nämlich auf das Fehlen der

[1]) Über die armenische Lautverschiebung vgl. H. Hirt, Idg. Gramm. 1 (1927), S. 223f.

stimmhaften Aspiraten und auf den Übergang der stimmhaften Laute in stimmlose.

Einen Sandhi gibt es nach Sieg und Siegling SBAW 1908, S. 921 im Tocharischen zwar auch, jedoch fehlen in der Schrift feste Regeln, wie sie das Sanskrit im weiten Umfang besitzt.

Über die Silbenbildung des Tocharischen konnte Ed. Hermann in Ermangelung einer zuverlässigen Grammatik und einer Darstellung der vergleichenden Lautlehre dieser Sprache in seinem Buche: Silbenbildung im Griechischen (Göttingen 1923) S. 341f. noch nichts Greifbares mitteilen.

Über die Metrik haben Sieg und Siegling, Toch. Sprachreste S. Xf. einige Worte gesagt. Eine zusammenfassende Darstellung dieses Gegenstandes, die zugleich die Tatsachen aus dem Dialekte B mitumfaßt, haben sie für spätere Zeiten in Aussicht gestellt. Die tocharische Metrik ist unabhängig von der indischen und beruht auf einer bloßen Silbenzählung, ohne daß die Längen und Kürzen berücksichtigt werden. Weiteres a. a. O.

2. Formenlehre. Weit besser als mit der Erforschung der tocharischen Lautlehre steht es mit der der Formenlehre. Hier liegen schon mehrere größere Arbeiten wie auch eine Anzahl von Monographien und Aufsätzen und zahlreiche gelegentlich eingestreute wertvolle Bemerkungen über tocharische Formenbildung vor. Über den Bestand der Formen in Sprache A haben Sieg und Siegling in ihrer ersten grundlegenden Abhandlung SBAW 1908, S. 922ff. (Nominalflexion), S. 925f. (Verbalflexion) einen schon ziemlich klaren, freilich erst sehr summarisch gehaltenen Bericht erstattet. Jetzt ist natürlich ihre Tocharische Grammatik[1]), als deren Mitarbeiter ein so ausgezeichneter Sprachforscher wie W. Schulze, der von Anfang an dem Tocharischen großes Interesse entgegengebracht hat, gewonnen war, das maßgebende Handbuch, das rein beschreibend alle grammatischen Tatsachen darstellt. Abgesehen von der Lautlehre und der Syntax, die Schulze in Angriff nehmen wollte, enthält

[1]) Tocharische Grammatik im Auftrage der Preußischen Akademie der Wissenschaften bearbeitet in Gemeinschaft mit Wilhelm Schulze von Emil Sieg und Wilhelm Siegling. Göttingen 1931. Rez. von W. Krause, DLZ 54 (1933), Sp. 2272ff.; H. Jacobsohn, OLZ 37 (1934), Sp. 207ff. und die Idg. Jahrb. 17 (1933) IV Nr. 1 genannten.

sie alles, was die Durchforschung der Texte der Sprache A ergeben hat. Zahlreiche Berichtigungen falsch gelesener Buchstaben oder unrichtig ergänzter Wörter in den Toch. Sprachresten sind hier nachträglich eingefügt worden. Ein meisterhaftes Werk deutschen Gelehrtenfleißes, das für immer die Grundlage aller grammatischen Forschungen auf dem Gebiete des Tocharischen bleiben wird. Für die Sprache B sind wir vorläufig in erster Linie auf die Arbeiten der französischen Tocharisten S. Lévi und A. Meillet angewiesen. Abgesehen von den sprachlichen Bemerkungen, die letzterer zu den von Lévi edierten Texten (s. oben) gemacht hat, haben beide gemeinsam drei Monographien herausgegeben: Les noms de nombre en Tokharien B, MSL 17 (1912), S. 281ff.; Remarques sur les formes grammaticales de quelques textes en Tokharien B, I. Formes verbales, MSL 18 (1912), S. 1ff.; II. Formes nominales, MSL 18 (1912), S. 381ff. Ergänzungen dazu auf Grund neuer Fragmente: Notes sur le koutchéen, MSL 19 (1916), S. 158ff. Dann hat A. Meillet, Le Tokharien, Idg. Jahrb. 1 (1914), S. 1ff. noch einmal eine kurze Charakteristik der tocharischen Sprache auf Grund der bis dahin bekannten Sprachdenkmäler gegeben. Auch aus noch nicht edierten Quellen (bes. aus der Sammlung Hoernles) haben Lévi und Meillet manches beigesteuert. Daß nicht alles einer genauen Prüfung standhält, haben Sieg und Siegling in ihren Arbeiten gelegentlich bemerkt und berichtigt. An kürzeren zusammenfassenden Untersuchungen liegen vor: die schon mehrfach genannte Arbeit von E. Smith, Tocharisch[1]), die I. Etymologien, II. Lautregeln, A. Allgemeine Regeln. B. Die Vertretung der einzelnen Laute, III. Flexion, A. Nomen. B. Verb enthält. Diese Arbeit hat heute nur noch bedingten Wert[2]). Noch skizzenhafter die Darstellungen bei S. Feist, Idg. und German. [3] S. 112ff.; L. Gaál, KCsA 2 (1927), S. 256ff.; Schrader-Nehring 2, 549ff.; P. Poucha in seinem Prager Gymnasialprogramm 1930, S. 5ff. und E. Kieckers, Die Sprachstämme der Erde (Heidelberg 1931), S. 8. Die Einzeluntersuchungen werden an geeigneter Stelle genannt.

[1]) Videnskabs-Selskabets Skrifter. II. Hist. Filos. Klasse 1910, No. 5. Auch separatim Christiania 1911 erschienen.

[2]) Rezensionen von A. Meillet, JA 18 (1911), S. 630ff., N. Mironow, Zapiski Vostočn. Otděl.Russk. Arch. Obšč. 21 (1912), S. 107ff.

Über das Zahlwort, dessen idg. Charakter Sieg und Siegling SBAW 1908, S. 924f. sofort erkannt haben, sind wir wohl bis jetzt am besten unterrichtet. Die in B belegten Zahlwörter haben Lévi und Meillet unter Heranziehung von A a. a. O. gesammelt, indem letzterer sie auf sprachvergleichender Grundlage zu deuten suchte. Eine Liste aller in A und B belegten Numeralia, soweit sie bis 1930 bekannt waren (1 bis 16770000) bei P. Poucha, Prager Gymnasialprogr. (1930) S. 15ff.; über ihre Form, Flexion usw. jetzt Toch. Gramm. 194ff.; dazu E. Fraenkel, IF 50 (1932), S. 97ff.; auf Th. Siebs' Aufsatz über den Anlaut von *śtwaṟ* „vier", KZ 43 (1910), S. 380ff. ist schon oben in anderem Zusammenhang hingewiesen. Einzelnes bei V. Pisani, Il sistema sessagesimale e i numerali indeuropei, RRAN, classe di sc. mor. Ser. 6, vol. 8 (1932), S. 148ff. (bes. S. 157). Besonders interessant ist das für 10000 gebrauchte Wort in A *tmāṃ*, B *tumane, tmāne*, das auch im Uigurischen als *tümän*, im Tungusischen als *tuman*, im Mongolischen als *tümän* auftritt. A. Meillet, der MSL 17 (1912), S. 292f. noch schwankte, ob es aus dem Türkischen entlehnt sei oder umgekehrt das Türkische aus dem Tocharischen, hält Idg. Jahrb. 1, 19 das Tocharische für den Ausgangspunkt, ebenso jetzt P. Poucha, Arch. Or. 4 (1932), S. 85, der es aus idg. **tumeno-*: aslav. *tьma* „μυριάς", lat. *tumeo*, aind. *tumráḥ* „feist; reichlich, häufig" (so auch schon Meillet) erklärt. Toch. Gramm. S. 194 enthält sich einer Erklärung. Vgl. auch B. Laufer, T'Oung-Pao 16 (1915), S. 276ff. (*tuman* aus neupers. *tumān, tomān* entlehnt), dazu E. Fraenkel, IF 50 (1932), S. 97f. Kaum annehmbar Pouchas zweiter Deutungsversuch, der auf Entlehnung aus dem Iranischen (avest. *dvąnman-*, javest. *dunman-* „Wolke"[1]) hinausläuft.

Über die nominale Formenbildung und die verbale Flexion sind in den oben genannten zusammenfassenden Arbeiten, auf die ich hier verweisen muß, und gelegentlich in Handbüchern und Zeitschriften so viel einzelne Beobachtungen gemacht worden, daß ich aus Raummangel sie nicht einzeln aufführen kann. Am meisten haben die verbalen *-r*-Endungen des Tocharischen das Interesse der Sprachforscher in Anspruch ge-

[1]) Bartholomae, Altiran. Wb. Sp. 766; 749.

nommen. Die Literatur darüber ist bereits oben S. 22 ff. bei der Erörterung der Frage, wieweit diese Endungen das Tocharische mit den italo-keltischen Sprachen näher zusammenrücken, genannt worden. Dazu jetzt Schrader-Nehring 2, 550f.; Toch. Gramm. S. 325 ff. Auf den Typus toch. B *weñāre* „sie haben gesagt", *sākṣāre* „sie haben gesagt, berichtet", der an lat. *dīxēre* „sie sagten", *fēcēre* „sie machten", avest. *åŋhāirē* „sie sitzen" aus **ēsērai* erinnert, haben Meillet, MSL 18 (1912), S. 2; Idg. Jahrb. 1 (1913), S. 16; Kieckers, Sprachstämme S. 8 hingewiesen. Die *l*-Participien toch. A *kälpāl* „erlangend", *yāmāl* „machend"[1]' die an armenische Infinitive wie *berel* „tragen, getragen werden", *tkaranal* „schwach werden" erinnern, sind schon oben S. 24 erwähnt worden. An eine andere verbale Übereinstimmung des Tocharischen mit dem Armenischen erinnert A. Meillet, Sur le -*w* des aoristes arméniens, REA 10 (1930), S. 183f., der die Toch. Gramm. S. 331 verzeichneten Praeterita der Sprache A wie *arwā* „ich habe hervorgebracht, erzeugt" (Wz. *ar* Toch. Gramm. S. 421), *prakwā* „ich habe gebeten" (Wz. *pärk, prak* Toch. Gramm. S. 449), *lyockwā* „ich ließ werden" (Wz. *lut-k* Toch. Gramm. S. 466), *wackwā* „ich habe entschieden" (Wz. *wät-k* Toch. Gramm. S. 469) zum Typus armen. *caneay* „ich habe erkannt", *cnay* „ich bin geboren", *elē* „ich bin geworden" (mit -*ē* für **-ey*), 3. pers. sg. *caneaw, cnaw, elew* und lat. *nōvī, im-plēvī, amāvī, monuī*, aind. *jajñáu, papráu*, gall. *ieuru* „il a consacré, il a affecté" stellt. „La conservation de -*w* en sanskrit, en tokharien, en arménien, en gaulois et en latin dans ces formes comparables entre-elles n'implique pas aucun lien particulier entre ces cinq langues "(a. a. O. S. 184). W. Schulze, Die reduplizierten Präterita des Tocharischen und des Germanischen, SBAW 1924, S. 166 ff. (= Kleine Schriften S. 239 ff.) hat gezeigt, daß den in A auftretenden reduplizierten Praeterita wie *cacäl* von der Wz. *täl* „aufheben, tragen" (B *tal*, Toch. Gramm. S. 440f.), *papyutäk* von der Wz. *pyut-k* „zu Stande kommen", med. „vollenden, zu Stande bringen" (Toch. Gramm. S. 452), *paprutkär* von der Wz. *prut-k* „verschließen" (aind. *rudh-*, Toch. Gramm. S. 453) usw. in B unreduplizierte Formen mit langem *ā* oder Diph-

[1]) Toch. Gramm. § 423.

thong wie *cāla, pyautka, prautka* usw. entsprechen, was dem Verhältnis von urgerm. *hehait, stestaut:* alts. *hēt, steot* gleichgesetzt werden dürfe. Damit würde die alte Anschauung, die die letzteren Formen aus den reduplizierten durch Konsonantenausfall und Vokalkontraktion herleitete, wieder zu Ehren kommen. Das letzte Wort ist hier noch nicht gesprochen, aber von weittragender Bedeutung für die Lösung dieses viel umstrittenen Problems ist Schulzes Beobachtung in der Tat. Auch hier hat das Tocharische die Sprachforschung wie in manchen anderen Fällen vor neue Aufgaben und ihre Lösung gestellt.

Auf die vielen einzelnen Bemerkungen über die Nominalflexion des Tocharischen, die A. Meillet zu den von S. Lévi herausgegebenen Texten beigesteuert und MSL 18 (1913), S. 381ff.; Idg. Jahrb. 1 (1914), S. 1ff. anziehend dargestellt hat, kann hier nur kurz verwiesen werden. H. Adjarian HA 26 (1912), Sp. 40 und ihm folgend J. Pokorny, Stellung des Tocharischen S. 42 haben das in B oft belegte Genitivsuffix *-ts* (*ḵaṣṣitse*, bzw. *ḵaṣṣintse* „des Lehrers", *ṣamānentse* „des Mönches" (vgl. Meillet a. a. O. S. 409ff.) dem armenischen Suffix *-č* im Gen. Plur. *anwan-č* von *anun* „Name" usw. gleichgesetzt. Über die Nominalflexion in A jetzt erschöpfend Toch. Gramm. S. 46ff.

3. Wortbildung. Hier ist besonders ein Aufsatz von P. Poucha, Aus der tocharischen Wortbildungslehre, Tocharica IV, Arch. Or. 3 (1931), S. 162ff. (1. Allgemeines zur tocharischen Wortbildungslehre besonders der Substantiva; 2. Bildung der tocharischen Substantiva (in beiden Mundarten), mit einem besonderen Abschnitt über Wortbildung durch Zusammensetzung; 3. Bildung der tocharischen Adjektiva), Tocharica V, ebda. S. 168ff. (Substantiva auf vortoch. *-*ūni̯ā* (toch. A -*ūne, -ñe*, B -*ñe* und toch. A -*one*) zu nennen, dessen Material für B aus den bekannten Arbeiten A. Meillets, S. Lévis, E. Siegs und W. Sieglings, für A aus eigenen Sammlungen mit großem Fleiße zusammengetragen ist. Über die Wortbildung in A jetzt Toch. Gramm. S. 1ff.

4. Syntax. Daß auf dem Gebiete der tocharischen Syntax noch nicht gearbeitet ist, liegt natürlich in erster Linie daran, daß das Lexikon, der Schlüssel zum Verständnis der Texte,

noch fehlt, denn ohne dieses lassen sich syntaktische Arbeiten größeren Maßes vorab nicht machen. Leider ist durch den Tod W. Schulzes, der eine umfangreiche Darstellung der tocharischen Syntax geplant hatte, ein wie kaum ein anderer dazu berufener und weitblickender Fachmann der Forschung verloren gegangen. Einige syntaktische Bemerkungen in der Toch. Gramm., so S. 206 über die Wortfolge des Attributes, das bei normaler Stellung seinen Platz vor dem Substantivum, auf das es sich bezieht, hat (*puk ārkiśoṣi* „die ganze Welt"; *puk kapśañi* „der ganze Körper"). Hieran knüpfen V. Pisani, La costruzione degli aggettivi in Tocarico e in Indeuropeo, e una singolarità nella costruzione dei numerali Russi, RRAN, classe di sc. mor. Ser. 6, vol. 9 (1933), S. 227ff. und E. Fraenkel, IF 50 (1932), S. 102ff. an.

5. Wortforschung. Auf diesem Teile der Grammatik ist schon eine recht erfreuliche Tätigkeit zu verzeichnen. Nachdem Sieg und Siegling in dem schon mehrfach erwähnten ersten Bericht eine ganz stattliche Anzahl von Wörtern mit ihrer Bedeutung bekannt gemacht und ihren idg. Charakter als sicher erwiesen hatten, ging dieses Material alsbald in die Handbücher und Lexika über. Den Anfang machte wohl O. Schrader, Die Indogermanen, Leipzig 1911, der natürlich nur erst das vorlegen konnte, was Sieg und Siegling mitgeteilt hatten (*ḵandh* = *centum*; *śäk* = *decem*; *por* = πῦρ; *laks* = ahd. *lahs*; *sa* = lat. *sim-*; weitere Zahlwörter; eine Reihe von Verwandtschaftswörtern; *wäl* = βαλήν; *sā-sär-yu* = *sero*). Die 2. Auflage (1916) und 3. Auflage (1919), die auch schon Meillets Aufsatz „Le Tokharien" im Idg. Jahrb. I (1914) benutzen konnten, sind bezüglich des Tocharischen leider um nichts vermehrt. Dafür hat Schrader in der 2. Auflage seines Reallexikons der idg. Altertumskunde (1917 bis 1929) das Tocharische schon recht ergiebig herangezogen, worüber das toch. Wortregister II, S. 823f. Auskunft gibt. Mehr als in Schraders Büchlein über die Indogermanen hat in S. Feists umfangreicherem Werke Kultur, Ausbreitung und Herkunft der Indogermanen (1913) das Tocharische Verwendung gefunden, worüber das Wortregister (Tocharisch A, S. 534f., Tocharisch B, S. 535) unterrichtet. In der 2. Auflage seines etymologischen Wörterbuches der gotischen Sprache (1923) und in

dem Buche: Indogermanen und Germanen (3. Auflage 1924) mit Wortregister Toch. A und B S. 145f. hat Feist dem Tocharischen ebenfalls eine gebührende Stellung eingeräumt; zurückhaltender ist F. Holthausen in seinem Altenglischen etymologischen Wörterbuch (1934) und in seinem Gotischen etymologischen Wörterbuch (1934). Walde-Pokorny, Vergleichendes Wörterbuch der idg. Sprachen (1927—1932) haben nach dem, was im Wortregister des III. Bandes S. 35 verzeichnet ist, erstaunlich wenig Tocharisches aufgenommen. Wie mir Stichproben gezeigt haben, hat hier Walde tatsächlich das Tocharische völlig ignoriert. Die übrigen Handbücher und Lexika, die das Tocharische nur in beschränktem Maße heranziehen, können hier nicht genannt werden.

Ich gehe zu den Monographien über. Die zahlreichen Etymologien, die in Zeitschriften[1]) usw. gelegentlich aufgestellt worden sind, müssen natürlich unberücksichtigt bleiben. E. Smith, Tocharisch S. 8ff. hat auf Grund des bis 1910 bekannt gemachten Wortschatzes der Sprache A und B den ersten größeren Versuch, das Tocharische etymologisch zu behandeln, gemacht. Seinen kühnen und oft wenig überzeugenden Ausführungen gegenüber wird man bisweilen größte Kritik üben müssen, so ist z. B. toch. A *yuk*, B *yakwe* „Pferd" (S. 20) nicht mit aind. *yogya-* „Zugtier", altn. *eykr* „Pferd" zu verbinden, sondern mit lat. *equus* (so schon Sieg und Siegling S. 927), denn *y* ist hier wie in den Piśācadialekten *yāsp*, *yāś* und ossetisch *ǰäfs* prothetischer Laut, vgl. E. Schwentner IF 44 (1927) S. 11f.; P. Poucha, Arch. Or. 2 (1930), S. 323 Anm. 1; 5 (1933), S. 20; Pedersen, Idg. Jahrb. 12 (1928), S. 331 Anm. 1; Walde-Hofmann, Lat. etym. Wb.³ S. 412 s. v. *equus* (mit Literatur). Auf viel soliderer Grundlage sind die etymologischen Forschungen anderer Sprachforscher aufgebaut, so von G. A. Grierson, Étymologies Tokhariennes, JA 19 (1912), S. 339ff., der auf gewisse Übereinstimmungen des Wortschatzes im Tocharischen und in den modernen Piśācadialekten aufmerksam macht; E. Lidén, Zum Tocharischen, Festschrift für E. Kuhn 1916, S. 140 (1. toch. B *wärto*, *warto* „Garten" (: ags. *weorð*, alban. *vaϑε* aus **u̯ortā-*, apreuß. *warto*);

[1]) So besonders E. Fraenkel, IF 50 (1932), S. 229ff.

2. toch. *ruw*[1]- „öffnen"; 3. idg. *u̯r-* und *u̯l-* im Toch. (: lit. *veriù*, aind. *var-* usw.; idg. *u̯l-* > toch. *l-* in B *lānt*, *lănte* „König", neben B *walo*, *wlo*, A *wäl* : lat. *valeo*, air. *flaith* aus urkelt. **u̯la-ti-*, phryg. βαλήν); 4. *rĭ* „Stadt" (: thrak. phryg. βρία· ἡ πόλις, τὸ τεῖχος, ἡ ἐπ' ἀγροῖς κώμη) aus **u̯rii̯ā* oder **u̯rī-*); 5. *waiwalau*, *wlāw-* („Schwindel, Betäubung" = aind. *mūrcchābhrama-*: griech. εἴλιγγος „Schwindel", Wz. *u̯el-* „drehen, rollen", aind. *valati*, lit. *veliù* „walken" usw.) und Studien zur tocharischen Sprachgeschichte I (Göteborgs Högskolas Årsskrift 22 (1916), Nr. 3):

1. Über die tocharische Lautverbindung *çc.* (in B *çcire* „starr, steif" : altn. *stíra*, lat. *stīria* „Eiszapfen"); 2. *kāswo* „Aussatz" (entlehnt aus dem Iranischen, vgl. avest. *kasviš* „Name einer Krankheit"); 3. *pir* „Stuhl" (aus präkr. *pīḍha*); 4. *porat* „Beil" (nicht mit Feist Idg. 214 zu aind. *paraçú-* „Beil", griech. πέλεκυς, sondern aus dem Persischen entlehnt); 5. *karyor* „Kauf" (: aind. *krī-*, griech. πρίασθαι usw.); 6. *pīto* „Verkauf" (vielleicht zu ahd. *feili*, nhd. *feil*); 7. *kerciye* „Palast" (: aslav. *gordъ* „Burg", lit. *gar̃das*, got. *gards* usw.); 8. *srūk-* „sterben" (vielleicht zu ahd. *serwēn* „tabescere", mhd. *serwen* „siechen"); 9. *tute* „gelb" (aus idg. **dhŭ-to-*, aind. Part. *dhū-tá-* „angefacht" [vom Feuer]); 10. *wrattsai* (: Wz. *u̯ert-*, lat. *verto*), *warñai* (: ags. *worn*), *snai* (: lat. *sine*); 11. *prāri* „Finger" (: idg. Wz. *bher-* „tragen"); 12. *oko* „Frucht" (: altbulg. *jag-oda* „καρπός", lit. *ū̃ga* „Beere" usw.); vgl. hierzu E. Fraenkel, IF 50, 230; 13. *cake* „Fluß" (: aind. *ták-ti* „eilt", lit. *tekù* „fließen" usw.); 14. *stām* „Baum" (: ahd. *stam*, griech. στάμνος „irdenes Gefäß"); 15. *lakle* „Schmerz" (aus **lukle* : lat. *lūgeo*).

Besonders wertvoll sind vier Arbeiten W. Schulzes zur tocharischen Wortforschung. In der ersten: Tocharisch *tseke peke*, SBAW 1921, S. 293ff. (= Kleine Schriften S. 257ff.) stellt er gewisse Übereinstimmungen von Wortverbindungen in verschiedenen idg. Sprachen zusammen, darunter auch toch. *tseke ṣi peke ṣi* in dem Satze *tseke ṣi peke ṣi paṭ aṟampāt* „die Schönheit eines Kunstwerkes oder einer Malerei" (Tochar. Sprachreste S. 6, Z. 4) zu lat. *ficta sive picta forma*, denn *peke* geht auf eine Wz. **piḱ*, lat. *pingere* und *tseke* auf eine Wz. **dhiĝh*, lat. *fingere* zurück; in der zweiten: Über ein Stück der Tocharischen Sprachreste[2]), das in doppelter Übersetzung vorliegt, SBAW 1923,

[1]) B *ruw-* „öffnen" (1. sg. opt. *ruwim*) war Lidén nur aus B bekannt; P. Poucha, ArchOr 2 (1930), S. 316 hat das Wort in A als ἅπ. λεγ. in *aśāṃ rwātsi* „die Augen öffnen" erkannt. Vgl. jetzt Toch. Gramm. S. 463 u. d. Wz. *ru* „öffnen".

[2]) Tochar. Sprachreste Nr. 151a.

S. 136 (= Kleine Schriften S. 261) stellt er verschiedene für das Lexikon wichtige Wortgleichungen aus A und B zusammen, wie z. B.: A *wikiokätpiñcinäs ṣpät komṣaṃ* = B *ikañceṃ oktañceṃ su(k)kaunne* „in der 28. Woche"; A *mäśśunt* = B *mrestīwe* „Mark"; A *puskāñ* = B *ṣñaura* „Sehnen, Nerven" (= griech. νεῦρα, avest. *snāvarə*); A *śwāl* = B *mīsa* „Fleisch" u. a. m.; in der dritten: Zum Tocharischen, UJb 7 (1927) S. 168ff. (= Kleine Schriften S. 248ff.) wird u. a. toch. *akmal* „Gesicht" als aus *ak* „Auge" + *mal* „Wange", d. h. zwei willkürlich ausgewählten Teilbezeichnungen zusammengesetzt gedeutet, wofür aus anderen (nichtidg.) Sprachen Parallelen gebracht werden[1]), dazu eine Liste der im Tocharischen belegten Körperteil-Bezeichnungen, in deren Gesellschaft *akmal* auftritt, die besprochen werden; in der vierten: Toch. *ratäk,* KZ 59 (1932), S. 212 (= Kleine Schriften S. 257) stellt Schulze toch. A *ratäk* „Heer" zu npers. *rada* „series, ordo, acies", das nach Hübschmann, Pers. Stud. 66, Nr. 609 auf mpers. *ratak* zurückgeht. In toch. B heißt das Wort *retke.* Im Anschluß daran wirft Schulze die Frage auf, ob hier das Toch. A das Ursprünglichere des Vokalismus im Gegensatz zu B bewahrt hat. — Ich für meine Person möchte hier nun die Frage aufwerfen, ob hier nicht ein Lehnwort aus dem Persischen vorliegt, das derselben militärischen Sphäre angehört wie das schon oben S. 39 behandelte Zahlwort A *tmāṃ,* B *tumane, tmāne* „zehntausend", das zusammen mit dem türkischen (uigurischen) und mongolischen *tümän,* tungusischen *tuman* vielleicht als militärische Einheitsbezeichnung dem Persischen (neupers. *tumān, tomān*) entlehnt ist, wie B. Laufer, T'Oung-Pao 16 (1915), S. 276ff. vermutet. Andere Vermutungen über letzteres Wort sind oben S. 39 mitgeteilt. Weitere Arbeiten über Wortforschung liegen vor von P. Poucha, Beiträge zur tocharischen Wortkunde, Tocharica II, Arch. Or. 2 (1930), S. 314ff. (1. *rak-* „ausbreiten"; 2. *rapuñe* „Gier, Habsucht"; 3. *rap-* „graben, aushöhlen"; 4. *ruw-* „öffnen"; 5. *tsarślune* „Weinen"; 6. *tsärwo* „(große) Freude"; 7. *tsäṃ* „aber, dann"; 8. *tsmār* „Wurzel"; 9. *tsraṣṣune* „Stärke, Mannhaftigkeit, Energie"; 10. *weñ* „sprechen, sagen"). Weitere Einzelbeiträge zur Ety-

[1]) Vgl. jetzt auch dazu Toch. Gramm. § 379.

mologie tocharischer Wörter lieferten F. Holthausen, Wortdeutungen, IF 39 (1921), S. 62ff.:

12. Toch. *puk* „jeder, all“: griech. πυκνός; 13. toch. *kalk* „gehen“ : lat. *calcāre* „treten“; 14. toch. *vär* „Wasser“ : ags. *wær*; 15. toch. *praski* aus **prak-ski* „Furcht“ : nhd. *Furcht*; 16. toch. *spaktān* „Dienst“ : lat. *spectāre*; 17. toch. *näm* „nämlich“ : lat. *nam, enim*; 18. toch. *spän* „Schlaf“ : lat. *somnus* < **svepnos*, altn. *svefn*, aind. *svapna-* usw.; 19. toch. *säk* „bezwingen“ : aind. *sáhatē*, got. *sigis*; 20. toch. *pläc* „Rede“ : griech. φλεδών „Geschwätz“; 21. toch. *klā* „fallen“ (B *klāya* „elle a roulé“): griech. χαλάω „lasse nach“ (gegen Lévi-Meillet, MSL 18, 402: περιτελλόμενος); 22. toch. A *praṣt* aus **prakṣt* (B *preści*) „Zeit“: nhd. *Frist* aus **frihsti-*; 26. toch. *lyäsk* „Weiche“ : griech. λαγών „Weiche“, norweg. *lake* „Blatt im dritten Magen der Wiederkäuer“, lat. *langueo, laxus*, ahd. *slah*, ags. *slæc* usw.

und J. P. Brands in seiner Diss. Grieksche Diernamen, Nijmegen 1935, als These XIX (toch. *śew* „klaffen, gähnen“ : griech. χάος „leerer Raum“, idg. Wz. **ghēu*) und These XX (toch. *läk* „sehen, blicken“ : idg. Wz. **leg* oder **lak* „sehen“ bei Walde-Pokorny 2, 381).

Da die tocharischen Sprachdenkmäler von zahlreichen Lehnwörtern aus anderen Sprachen, besonders aber aus dem Sanskrit, durchsetzt sind, so hat natürlich dieser Bestandteil des tocharischen Wortschatzes schon von Anfang an das Augenmerk der Forscher auf sich gezogen. Von Hoernle ab haben die Herausgeber tocharischer Texte zahlreiche Einzelbeiträge zu den Lehnwörtern geliefert, die hier nicht aufgezählt werden können. An Sonderarbeiten liegen vor: B. Laufer[1]), Three Tokharien bagatelles, T'Oung-Pao 16 (1915), S. 272ff. (1. A Chinese Loan-Word in Tokharian A. (betrifft toch. *ŭ* „Stadt“); 2. A Tokharian Loan-Word in Chinese (betrifft chines. *a-wei* „asa foetida“); 3. *Tuman* (neupers. *tumān, tomān*), zu letzterem E. Fraenkel, IF 50 (1932), S. 98 und P. Poucha, Arch. Or. 4 (1932), S. 85. Über indische Arzneimittelnamen in der Sprache B des von Hoernle JASB 70 (1901) veröffentlichten Arzneimittelbuches handelt A. C. Woolner, Sanskrit names of drugs in Kuchean, JRAS 1925, S. 623ff., der auch auf das Lautliche eingeht; über indische Lehnwörter: N. D. Mironow, Kuchean Studies. I. Indian loan-words in Kuchean, RO 6 (1928/29), S. 89ff., 274ff. (Rez. von H. Jensen,

---

[1]) Lag mir nicht vor, vgl. Idg. Jahrb. 6 (1920) IV, 2.

OLZ 33 (1930), Sp. 1022ff.; P. Pelliot, T'Oung-Pao, Sér. 2, 28 (1931), S. 188). Drei Beiträge zur Lehnwortkunde lieferte P. Poucha, Die indischen Lehnwörter im Tocharischen, Tocharica I, Arch. Or. 2 (1930), S. 300ff. (Vokalismus, Konsonantismus, Konsonantengemination, Palatalisation, Veränderungen am Ende der Lehnwörter, Bildung neuer Substantiva aus den Lehnwörtern); Zur mittelasiatischen Lehnwortkunde, ebda. 4 (1932), S. 79ff.; Tocharisch *yāmutsi*, Tocharica VI, ebda. 5 (1933), S. 88ff. (aus soghdisch *'ym'wtsy* (**ēmūtsi*) „Papagei" entlehnt, das auf chines. *ying-wou-tsen (*·əng-mi̯u-tsi)* zurückgehen soll). Toch. *yāmutsi* soll ein Vogelname[1]) sein. Pouchas Einzelbeiträge sind Vorarbeiten zu einem Tocharisch-deutschen Wörterbuch, das nach seiner eigenen Angabe Arch. Or. 2 (1930), S. 27 von ihm geplant und vorbereitet wird. Ob etymologisch oder rein deskriptiv ist nicht gesagt.

Wenn wir den von mir ja nur ganz skizzenhaft geschilderten Gang der Erforschung des Tocharischen noch einmal kurz überblicken, so müssen wir zwar gestehen, daß hier noch viel Arbeit geleistet werden muß, um das Dunkel, das noch über vielen Teilen der tocharischen Grammatik sowie über der Ansicht von der ethnischen Stellung des Volkes der Tocharer schwebt, aufzuhellen, daß aber andrerseits in den wenigen Jahrzehnten seit der Entdeckung des Tocharischen doch unendlich viel geleistet worden ist, wenn man bedenkt, daß der erste Gelehrte, der sich mit dieser Sprache intensiv beschäftigt hat, A. F. R. Hoernle, im Anfang seiner Forschung der Sprache noch ganz ratlos gegenüberstand, weder die Schrift vollständig richtig lesen konnte, noch über die Zugehörigkeit der Sprache auch nur annähernd Richtiges sagen konnte. Auch der Inhalt der Texte war ihm noch völlig unbekannt; nur das Vorhandensein einiger Sanskritwörter, die den Texten untermischt waren, ließ ihn auf Bearbeitungen altindischer Werke schließen. Heute liegt eine sorgfältige Ausgabe aller Texte wenigstens der Sprache A vor; von der Sprache B sind doch schon erhebliche Teile bekannt gemacht worden; die Sprache A ist grammatisch wenigstens deskriptiv

---

[1]) So schon Toch. Gramm. § 82 und 147.

völlig bearbeitet, von Sprache B ist doch schon ein Teil ihres grammatischen Charakters bekannt. Übersetzungen liegen allerdings erst von geringen Teilen des Materiales vor. Der Wortschatz ist zum großen Teile seiner Bedeutung nach bereits sicher erkannt, leider noch nicht übersichtlich gebucht. Ihrem Inhalte nach sind die meisten Texte literaturgeschichtlich eingeordnet. Eine Flut von Aufsätzen und Monographien hat einzelne Fragen nach allen Seiten hin weiter zu fördern gesucht. Das ist doch eine kurzfristige Leistung, vor der man allen Respekt haben muß!

Nachtrag.

Nach Abschluß des Manuskriptes ging mir noch folgende toch. Abhandlung zu, die ich der Vollständigkeit halber hier nachtrage:

Zu S. 11. H. Lüders, Zur Geschichte des ostasiatischen Tierkreises, SBAW 1933, S. 998ff. teilt S. 1012 aus einer Papierhandschrift aus Šorčuq ein Stück in kučischer Sprache mit der indischen Vorlage aus einer Liste des ostasiatischen Tierzyklus mit, die kučische Tiernamen, die sonst nicht belegt sind, enthält, wie *auk̦* „Schlange" (aind. *ahi*), *arśak̦arśa* „Fledermaus" (aind. *mantilya*, das bisher noch nicht belegt war); *nāk̦* „Drache" (entlehnt aus aind. *nāga*).

Autorenverzeichnis.

(Die Ziffern bezeichnen die Seiten.)

FSC
www.fsc.org
MIX
Papier | Fördert gute Waldnutzung
FSC® C083411

Kolibri 360 GmbH
Ferdinand-Jühlke-Straße 7
99095 Erfurt, Deutschland
produktsicherheit@kolibri360.de